2017 年度黑龙江省省属高等学校基本科研业务费科研项目（项目编号：2017BJ22）

高性能电化学葡萄糖传感器的构建与研究

王丹丹◎著

黑龙江大学出版社

HEILONGJIANG UNIVERSITY PRESS

哈尔滨

图书在版编目（CIP）数据

高性能电化学葡萄糖传感器的构建与研究 / 王丹丹
著 . -- 哈尔滨 ： 黑龙江大学出版社，2024. 12.
ISBN 978-7-5686-1207-4

Ⅰ．TP212.2

中国国家版本馆 CIP 数据核字第 2024AP5352 号

高性能电化学葡萄糖传感器的构建与研究
GAOXINGNENG DIANHUAXUE PUTAOTANG CHUANGANQI DE GOUJIAN YU YANJIU
王丹丹　著

责任编辑　俞聪慧
出版发行　黑龙江大学出版社
地　　址　哈尔滨市南岗区学府三道街 36 号
印　　刷　华雅逸彩（北京）文化有限公司
开　　本　720 毫米 ×1000 毫米　1/16
印　　张　8.25
字　　数　141 千
版　　次　2024 年 12 月第 1 版
印　　次　2024 年 12 月第 1 次印刷
书　　号　ISBN 978-7-5686-1207-4
定　　价　35.00 元

本书如有印装错误请与本社联系更换，联系电话：0451-86608666。

前　言

葡萄糖浓度的定量检测对临床诊断、生态工程等领域有至关重要的意义。在临床方面，糖尿病患者通过实时检测葡萄糖浓度可有效避免并发症的发生。因此，开展快速精确检测葡萄糖浓度的研究十分迫切。

电化学葡萄糖传感器凭借其特有的优势备受青睐，但是葡萄糖酶电化学传感器和无酶电化学葡萄糖传感器都有缺点，综合性能都有不尽如人意的地方。经典酶电极易受氧浓度变化影响，进而干扰检测结果的准确性，并且无法实现稍高浓度葡萄糖的检测，受到酶本身属性的限制，重现性及稳定性差。无酶电化学葡萄糖传感器尽管可以弥补经典酶电极的缺陷，但也存在待改进的地方；贵金属成本高并容易氯离子中毒而失活，其他金属成本低但不稳定，其他金属氧化物及氢氧化物稳定但灵敏度低。笔者主要围绕敏感材料及材料与电极之间的电子传递作用这两方面展开探索研究，来改善电化学葡萄糖传感器的催化性能。

笔者将 GOD 通过 PVP 包埋后固定于经拓扑绝缘体 Bi_2Te_3 改性过的玻碳电极上，构建了酶电极。拓扑绝缘体 Bi_2Te_3 特有的表面金属态有助于改善电子传输能力，该修饰电极在对葡萄糖浓度进行检测时有效改善了酶电极易受氧浓度干扰这一问题。PVP 包埋 GOD 后在促进酶与电极之间的作用的同时保持了酶活性，进而改善了酶电极的稳定性，该修饰电极在经过近一个月的测试时，最终的电流信号也可保持在初始信号的 89% 左右。

笔者采用溶剂热法制备了形貌均匀的具有微球结构的多组分 Ni-Mn 氧化物，并以其为敏感材料构建了无酶电化学葡萄糖传感器。受益于 Ni 与 Mn 之间的协同作用，该传感器的催化效果比一些已报道的单一的基于 Ni 基或 Mn 系材料的传感器好，在+0.4 V 的低电压下即可对葡萄糖实现高灵敏度的检测，有效避免了其他分析物质的干扰，提高了传感器的选择性，特别是在血清样本分析中呈现了高的准确性。

NiMoO$_4$具有钼酸盐的高电导率,同时具备 Ni 基的高催化性能,而且较贵金属经济,是无酶电化学葡萄糖传感器理想的敏感材料。笔者将 NiMoO$_4$作为敏感材料构建了无酶电化学葡萄糖传感器,该传感器对葡萄糖的选择性极好,在血清样本分析中准确性较高。

传统的滴涂法虽然适用范围广,但是材料与电极之间的电子传递作用较弱,不利于传感器性能的提升。基体生长法在提高材料与电极之间的电子传递作用时,亦可减小接触电阻,进而有助于改善传感性能。考虑到碳纤维布的高电导率及良好的生物相容性、NiCo$_2$O$_4$的高电导率及葡萄糖催化性能等,笔者以碳纤维布为基体生长 NiCo$_2$O$_4$纳米线阵列直接构建无酶电化学葡萄糖传感器。受益于 NiCo$_2$O$_4$纳米材料本身特点、基体生长优势及纳米线阵列特有的利于电子及质子传输的结构通道这几方面的综合作用,在进行葡萄糖浓度检测时该传感器的灵敏度较高。

目　　录

第一章　绪论

葡萄糖是生物体内重要的特征碳水化合物之一,快速精确定量地检测葡萄糖浓度在医学诊断、食品加工、发酵生产、环境监测等分析领域有着至关重要的意义。例如:在医学诊断方面,方便准确地检测血糖浓度可以有效地对糖尿病患者进行治疗;在食品加工方面,可通过检测葡萄糖浓度判断水果的成熟度、储藏周期等;在发酵生产方面,可通过快速精确地检测葡萄糖浓度及时调整生化参数并有效控制发酵过程;在环境监测方面,可通过精确检测葡萄糖浓度调控工业废水的排放;等等。因此,研究人员在如何快速精确地定量葡萄糖浓度方面进行了大量的研究。

在已有的检测手段中,电化学葡萄糖传感器具有操作简单、灵敏度高、线性范围宽、检测限低等优点,因此受到了广大研究者的青睐。根据在检测过程中有无使用葡萄糖酶,电化学葡萄糖传感器可分为葡萄糖酶电化学传感器及无酶电化学葡萄糖传感器。这两类传感器有各自的优缺点,如何利用各自的优势且避免劣势从而获得灵敏度高、线性范围宽、成本低、抗干扰性好、稳定性好的电化学葡萄糖传感器成为研究热点。

纳米材料为解决传统材料领域的问题提供了新方法,在能源、电子、催化、环境等领域均呈现广泛的应用前景。将纳米材料的优异特性应用于电化学葡萄糖传感器上,可以从根本上改善传感器的性能,必将推动传感器的发展。

1.1 葡萄糖浓度检测方法研究进展

葡萄糖是一种在生物界分布较广且重要的单糖,具有如下性质:水溶液旋光向右,结构中有 1 个醛基和 5 个羟基,呈现多元醇和醛的性质。因此葡萄糖又称"右旋糖""己醛糖"。葡萄糖浓度的检测与分析一直都是研究热点。葡萄糖浓度检测方法如下。

1.1.1 高效液相色谱法

高效液相色谱法是将气相色谱理论引入经典液相色谱中发展起来的分离分析方法。原理如下:由于分析试样的各组分在色谱柱的流动相及固定相的吸附能力存在差异,当其随流动相经过色谱柱时会在两相之间进行多次分配,从而使各组分以不同的移动速度流出一定长度的色谱柱,彼此分离并按流出顺序进入检测器,记下各组分的谱图,根据得到的峰面积及保留时间结合外标法定量相应组分浓度。离子色谱法是高效液相色谱法的一个分支,是利用各组分离子与固定相之间的静电吸附差异来达到分离分析的目的。有学者将高效阴离子交换色谱与脉冲安培检测法结合,同时分离检测 2 种糖醛酸及 8 种单糖;有学者用该法达到了同时检测单糖和多种低聚糖的目的,并检测了啤酒和小麦汁的糖分。高效液相色谱法的优点是能同时分离检测各种单糖和大多数的低聚糖且无须预先衍生,不仅可节约成本,还可避免使用有毒衍生试剂;该方法需要特定设备和其他试剂,这可能会干扰实验结果,且成本高昂。

1.1.2　气相色谱法

与液相色谱法相比,气相色谱法以气体为流动相。由于葡萄糖是一种多羟基化合物,沸点较高,故用气相色谱法分析前应进行衍生反应,使葡萄糖衍生为易挥发且稳定的低极性衍生物。有学者利用硅醚化试剂对大蜜丸试样进行衍生,用气相色谱法同时检测了葡萄糖和果糖浓度。有学者将三甲基氯硅烷、双-(三甲基硅烷基)乙酰胺作为硅醚化试剂,利用气相色谱法对稀水溶液中的葡萄糖和甘露醇进行了准确可靠的定量检测。优点有灵敏度高、分析速度快、所需试样量少等,缺点是要事先衍生因而增加成本。

1.1.3　旋光度法

旋光度法是一种测定某些光学活性化合物(含不对称碳原子)的有效方法。原理如下:当平面偏振光通过某些化合物的溶液时,不对称碳原子的存在会使偏振光发生左或右偏移,产生旋光现象,利用偏振光的比旋光度及已知的液层厚度可计算出溶液的浓度。葡萄糖的水溶液旋光向右,这就为用旋光度法测定葡萄糖浓度提供了理论支持。有学者利用旋光度法对复方丹参注射液中葡萄糖浓度进行了检测,得到了葡萄糖浓度与旋光度之间良好的线性关系曲线。鉴于葡萄糖的结构复杂,旋光度法可作为一种辅助测试手段。

1.1.4　分光光度法

分光光度法是一种根据待测物质对特定波长光的吸收及吸收定律进行定量定性分析的手段。原理如下:由朗伯-比尔定律可知,当吸光系数和液层厚度一定时,吸光度和溶液浓度之间存在着一定的线性关系;以特定波长的光为光源,测定一系列已知浓度溶液的吸光度,得到吸光度和溶液浓度的线性关系曲线,测定未知浓度溶液的吸光度并代入曲线即可得到该溶液浓度。有学者利用近红外光测定一系列葡萄糖浓度,得到了较宽范围的线性关系曲线。分光光度法测定葡萄糖浓度时一般需要事先进行显色反应,显色剂的选择较关键。

1.1.5　葡萄糖生物传感器

生物传感器结合生物元素(识别部分)与物理化学元素(换能器)进行分析。原理是利用生物元素(如生物酶、抗体、DNA 等)作为识别元件,根据待测物质在反应时伴随的物理化学信号(如光、电、热、电化学等)的变化检测待测物质浓度。生物传感器简单的原理示意如图 1-1 所示。由于生物元素的特异性,生物传感器大多具有优异的选择性和抗干扰性。葡萄糖生物传感器在检测葡萄糖浓度时具有灵敏度高、成本低、线性范围宽等优势,应用前景好。电化学葡萄糖传感器是葡萄糖生物传感器的一种。电化学葡萄糖传感器具有以下优势:一是测试分析速度快,便于实时监测;二是选择性能高;三是灵敏度高;四是构造简单,成本低;五是操作简单,易实现自动分析。电化学葡萄糖传感器是检测葡萄糖浓度方面的研究热点。电化学葡萄糖传感器是用电信号(如电阻、电势、电流等)呈现待测物质浓度变化的生物传感器。按电化学检测信号不同,电化学葡萄糖传感器分为电导型、电位型和电流型,其中研究较多的是电流型,下面介绍的主要是电流型电化学葡萄糖传感器。

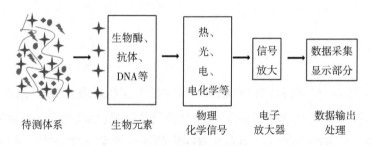

待测体系　　　生物元素　　　物理　　　　电子　　　　数据输出
　　　　　　　　　　　　　　化学信号　　　放大器　　　处理

图 1-1　生物传感器简单的原理示意

1.2　葡萄糖酶电化学传感器

在生物传感器的发展中,生物酶因特异的专一性和较高的催化性成为人们首选的识别元件,以生物酶为基础的传感器呈现出高的选择性和抗干扰性。葡萄糖酶电化学传感器使用的生物酶主要是葡萄糖脱氢酶和葡萄糖氧化酶(GOD)。葡萄糖电化学传感器主要由固定酶和电极组成,固定的葡萄糖酶对葡萄糖具有特异的催化作用,换能器将酶催化葡萄糖发生的化学变化转换为电信号,再进一步根据电信号对葡萄糖浓度进行定量。

1.2.1　葡萄糖酶电化学传感器的发展历程

1.2.1.1　第一代葡萄糖氧化酶电化学传感器

第一代葡萄糖氧化酶电化学传感器主要利用氧气或过氧化氢进行酶与电极之间的电子传递,反应机理如下。

$$酶层:glucose+O_2+H_2O \xrightarrow{GOD} gluconic\ acid\ +\ H_2O_2$$

$$氧电极:O_2+4H^++4e^- \longrightarrow 2H_2O$$

$$过氧化氢电极:H_2O_2 \longrightarrow 2H^++O_2+2e^-$$

由反应机理可知:当 GOD 催化葡萄糖氧化时,氧浓度的降低或过氧化氢浓度的增加与葡萄糖浓度存在着一定的比例关系,故可通过测定氧浓度的降低或过氧化氢浓度的增加来定量葡萄糖浓度。

有学者发表了关于 GOD 电极的概念性论文,后来有学者将 GOD 固定在金属铂电极上,定量了血清中葡萄糖浓度,被视为真正意义上的第一个电化学葡萄糖传感器。具体做法是将 GOD 固定于透析膜和穿透膜之间,再吸附在铂电极上,在一定工作电压下通过测试氧浓度的减少来确定葡萄糖浓度,这也就是传统意义上的氧电极。对于氧电极来说,大气中氧分压的变化会引起溶解氧浓度的变化,对测量结果产生干扰。有学者为了减少氧干扰而改进了装置,通过测定过氧化氢浓度来定量葡萄糖浓度,这种过氧化氢电极可以不受氧浓度影响。目前商业化的葡萄糖酶电极主要由固定的 GOD 和过氧化氢电极构成。第一代葡萄糖氧化酶电化学传感器存在如下缺点:响应信号受氧的影响较大;若氧不足,则难以测定高浓度葡萄糖;过氧化氢浓度过高会引起酶失活;过氧化氢直接氧化的过电位过高易引起其他分析物质(如抗坏血酸、尿酸等)氧化而出现干扰电流;pH 值及温度对传感器性能影响明显;等等。

1.2.1.2 第二代葡萄糖氧化酶电化学传感器

第二代葡萄糖氧化酶电化学传感器以低分子质量化合物为化学介体取代氧气和过氧化氢来进行电子传递,过程中既不涉及氧气也不涉及过氧化氢,解决了第一代葡萄糖氧化酶电化学传感器的问题,提高了传感器的灵敏度和准确性,反应机理如下。

$$酶层:glucose+GOD_{ox} \longrightarrow gluconic\ acid\ +GOD_{red}$$

$$修饰层:GOD_{red}+M_{ox} \longrightarrow GOD_{ox}+M_{red}$$

$$电极:M_{red} \longrightarrow M_{ox}+n\ e^-$$

上式中 GOD_{ox}、M_{ox}、GOD_{red}、M_{red} 分别代表 GOD 的氧化态、GOD 的还原态、化学介体的氧化态、化学介体的还原态。在第二代葡萄糖氧化酶电化学传感器中,化学介体作用很大,它既要参加酶促反应,又要参与酶层和电极之间的电子传递,因此化学介体的选择尤为重要。良好的化学介体应满足如下条件:能快速地与酶的氧化还原态辅基反应,自身的氧化态和还原态稳定,氧化还原电位较低且不受 pH 值影响,电极反应可逆,不易受氧影响,水溶性低,无毒。在第二代葡萄糖氧化酶电化学传感器中,化学介体出现的方式有两种:一是直接溶解在测试体系中;二是直接固定于电极上。目前使用直接固定于电极上的比较多,固定化方法主要包括吸附法、包埋法、溶胶-凝胶法、共价键合法等。常用的化学介体有二茂铁及其衍生物、醌及其衍生物、有机染料等。虽然化学介体的存在使第二代葡萄糖氧化酶电化学传感器避免了氧气和过氧化氢的干扰进而使传感性能有了很大提升,但是化学介体易从酶层脱落会造成传感器的稳定性差。

1.2.1.3　第三代葡萄糖氧化酶电化学传感器

第三代葡萄糖氧化酶电化学传感器直接利用酶的氧化还原过程与电极之间进行电子传递,在这个过程中既无须氧或过氧化氢,也无须化学介体,可以从根本上解决第一、二代葡萄糖氧化酶电化学传感器的问题,反应机理如下。

$$酶层:glucose+GOD_{ox} \longrightarrow gluconic\ acid +GOD_{red}$$

$$电极:GOD_{red} \longrightarrow GOD_{ox}+n\ e^-$$

虽然第三代葡萄糖氧化酶电化学传感器可以完美地避免第一、二代葡萄糖氧化酶电化学传感器的弊端,是理想的电化学传感器,但酶结构较大,高离子特性、表面电荷的非对称分布等使酶与电极之间的直接电子传递变得难以实现,酶在金属电极表面吸附时会伴有强烈的变性从而会影响直接电子转移,因此第三代葡萄糖氧化酶电化学传感器还有很多问题有待解决。

第一、二、三代葡萄糖氧化酶电化学传感器的电子传递机制如图 1-2 所示。无论哪代传感器都涉及 GOD 的固定,酶的固定直接影响传感器的稳定性能。

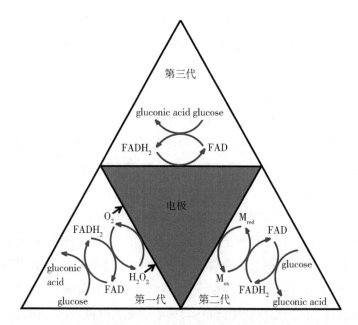

图 1-2 第一、二、三代葡萄糖氧化酶电化学传感器的电子传递机制

1.2.2 酶的固定化方法

1.2.2.1 酶的固定化方法分类

酶是较常用的生物识别元件,具有较强的催化能力和优异的专一性。酶活性易受外界条件(如温度、pH 值、压强等)变化的影响,酶制剂的高价格增加了酶回收的成本。固定化方法的出现既可以提高酶活性及稳定性,又可以促使酶的循环使用。所谓固定化即将功能物质包埋或吸附于某些特定材料上,这样有利于提高传感器的灵敏度、抗干扰性及稳定性,以及延长使用寿命。好的固定化方法应满足以下条件:一是固定化后功能物质活性良好;二是固定化后要稳定耐用;三是通用性要强,即可以对不同酶固定,固定后也可以与不同电极吸附。固定化方法可大致归纳为以下几类。

(1)吸附法

吸附法是将功能分子直接吸附于基质表面,也就是采用滴涂法将含有酶的溶液滴到电极表面,当溶剂挥发完全后,作为溶质的酶也就自然地吸附在电极表面了。这种方法操作简单,无任何试剂添加,酶活性损失小,但由于无任何添加,酶活性对环境变化较敏感,而且与电极结合较弱,从而容易发生酶脱落,适用范围小。

（2）包埋法

包埋法是将功能分子包埋于聚合物材料或表面活性剂中,形成较稳定的结构,是较广泛应用的固定化方法。常用的包埋方法有:酶与电极制备材料直接混合固定于电极上,酶与聚合物（如聚乙烯醇、聚碳酸酯等）包埋后固定于电极上,酶不经处理直接固定于导电聚合物修饰的电极表面,等等。酶不经处理直接固定于导电聚合物修饰的电极表面较常用,该方法中聚合物导电修饰层既可以起到固定酶的作用,还有利于电子在酶与电极之间的传输。该方法主要有两种实施方案:一是酶与聚合物单体溶液直接混合,当聚合物电沉积到电极表面时,酶也同时被包裹在聚合物层中,但这样需要较高的酶浓度;二是先把酶共价键合在聚合物单体上形成功能化单体,再电沉积到电极表面。包埋法的优点是既无须酶与其他物质进行结合反应,也不会改变酶的高级结构,仅仅将酶埋藏在材料中,不存在化学过程,因此酶活性损失小,而且包埋方式多样。包埋法的缺点是电极表面的聚合物膜不可避免地会增加传感器的响应时间,且易出现酶泄露问题。

（3）共价键合法

共价键合法是将功能分子通过特殊的共价键合于电极表面。常用的共价键合法有:直接将酶通过共价键合在已被化学试剂活化的电极表面,用化学试剂将酶固定于带有官能团修饰的电极表面,用多官能团试剂对酶及电极进行交联,等等。该方法增加了酶与电极表面的结合能力,使酶与电极结合牢固,可防止酶泄露,提高使用寿命,稳定性极佳,但共价键的存在也降低了酶活性,削弱了传感性能。

（4）溶胶-凝胶法

溶胶-凝胶法是将功能分子经过溶液、溶胶、凝胶再进行热处理后固定的方法。这种方法固定条件温和,适用性广,稳定性好,可以保持功能分子活性,但溶胶-凝胶材料易脆。

（5）自组装法

自组装法是以化学反应为基础的方法。基本方法如下：将电极放入含有功能物质的溶液或蒸汽中进行修饰，活性物质会在电极表面进行化学吸附或发生反应，形成一种通过化学键连接的有序单层膜，如果该单层膜还含有活性基团，则可以继续吸附或反应，形成多层膜。自组装法主要适用于巯基化合物在金属表面吸附或在硅、玻璃等表面发生硅烷化反应。自组装法操作简单，有序性和稳定性好，但起步晚，还不成熟。

1.2.2.2 酶的固定化方法的作用

（1）提高酶的稳定性

酶由于具有庞大的结构而不能紧密排列，容易造成三级结构被破坏，从而失去活性，因此在应用之前需要通过固定化方法提高酶的稳定性。主要是从以下几方面入手的：一是采用多点共价键合的固定化方法，即将酶的侧基连接起来同时保持侧基的相对位置不变，形成刚性结构进而提高酶的稳定性，在这个过程中要严格控制固定化条件以保持酶活性；二是设计酶的微环境，主要是引入亲水基团，给酶提供适宜的亲水微环境，从而提高酶的稳定性；三是应用新技术及新材料，纳米技术、材料技术及生物技术的发展极大推进了酶稳定性的提高，例如，将酶包裹在几纳米厚的网络中既可以提高酶的稳定性也不会影响传质能力，用生物技术中的分子伴侣对酶进行固定可大幅度提高酶的稳定性。

（2）提高酶的活性

固定化的酶活性比游离态的酶活性低，另外，固定载体占有绝大部分体积，降低了单位体积上的酶的催化能力。所以在固定化时既要考虑最大限度保持酶活性，也要同时考虑增加单位体积的酶含量。主要解决方法有以下几种：一是诱导酶呈活性构象，接枝亲疏水基团或表面活性剂使酶的活性中心始终处于开放状态；二是提高载体的固定酶的能力，一般选用多孔材料作为载体进而增加了单位体积的酶含量；三是采用无载体固定化方法，不经过载体，而是经过物理沉淀的酶结晶来交联固化。

（3）改变酶的选择性

选择不同的固定化方法或控制固定化条件均可改变酶的立体选择性。当固定化方法不同时，酶的微环境或结构变化都会影响酶的选择性；改变固定化时的 pH 值、温度可能对酶的结构产生诱导效果进而改变酶的选择性。

虽然酶的固定化方法可以解决葡萄糖酶电化学传感器的一些弊端,但也没有一种固定化方法可以既保持酶的高活性又可以增强酶和电极之间的相互作用,进而保持修饰电极的稳定性。酶受外界条件影响易失活,电极稳定性差,对实验条件要求高,价格高,等等,这些因素大大影响了传感器的性能,限制了发展。因此无酶电化学葡萄糖传感器成为研究的热点。

1.3 无酶电化学葡萄糖传感器

无酶电化学葡萄糖传感器是不经过葡萄糖酶的催化,利用其他催化剂在特定电位下对葡萄糖进行氧化,再根据反应中的电信号对葡萄糖浓度进行定量分析。碳材料、贵金属、其他金属及金属氧化物等都是构建无酶电化学葡萄糖传感器的敏感材料。无酶电化学葡萄糖传感器在测试过程中呈现良好的催化性能。

1.3.1 无酶电化学葡萄糖传感器的优点

研究表明:GOD 对生存环境要求苛刻,如只能在 pH = 2 ~ 8 的环境中保持活性,一旦在这个范围外就会失去活性,温度高于 40 ℃ 时也会失去活性;某些化学试剂(如离子型去垢剂)也会使 GOD 失去活性;湿度也会对 GOD 有影响,过大或过小都不利于 GOD 储藏。GOD 的不稳定性严重限制了应用。

与葡萄糖酶电化学传感器相比,无酶电化学葡萄糖传感器具有以下优势:一是无须使用酶,对储藏条件要求不苛刻,使用寿命长,稳定性好;二是修饰电极制备简单,避免了酶的固定化方法的难题;三是经济划算,不涉及酶,就避免了酶本身高价格及回收成本的约束;四是避免了酶的使用,不涉及酶浓度等影响,传感器的稳定性及重现性好。

1.3.2 无酶电化学葡萄糖传感器的缺点

尽管无酶电化学葡萄糖传感器呈现了大量优于葡萄糖酶电化学传感器的

特点,但同时有着不可忽视的缺点。因为敏感材料不具有类似酶分子特异的专一性,在测试中易出现其他分析物质(如抗坏血酸、尿酸、其他糖类)的电学响应信号,造成传感器的选择性差。某些特定敏感材料(如贵金属)不仅成本高,而且容易氯离子中毒,从而影响催化性能。普通金属较贵金属经济性好但本身不稳定,在溶液或空气中极易被氧化,使传感器的稳定性变差。其他金属氧化物或氢氧化物虽然稳定但导电性差,不利于电子传输,使传感器灵敏度低。因此寻找一种低成本、高选择性、可准确分析的敏感材料一直是无酶电化学葡萄糖传感器发展的焦点。

1.4 纳米材料在电化学葡萄糖传感器中的应用

1.4.1 纳米材料概述

纳米材料是三维空间中至少有一维处于纳米尺度范围(1~100 nm)的材料或是以其为基本单元组成的材料。按照处于纳米尺度范围内的维数,纳米材料分为四类:一是零维,即三维均处于纳米尺度范围内,常见的有纳米颗粒、原子团簇等;二是一维,即有两维处于纳米尺度范围内,常见的有纳米线、纳米管等;三是二维,即只有一维处于纳米尺度范围内,常见的有膜类材料;四是三维,是以零维、一维或二维的材料为基本单元组成的具有空间结构的材料。

1.4.1.1 纳米材料的特点

纳米材料既不同于宏观系统的材料,也不同于微观系统的材料,是一种处于介观系统的材料。由于纳米材料尺度较常规材料小,所以呈现出许多特有的性质,具体如下。

(1)表面效应

在颗粒中处于表面和内部的原子是不一样的,随着颗粒尺度的减小,表面原子比重会增大,进而导致材料的比表面积、表面结合能等出现较大的变化,这就是表面效应。表面原子比重的增加会使物质表面活性增大,化学性质活泼。

（2）小尺寸效应

当颗粒尺寸减小到和光波长及超导态的相干波长等特征物理尺寸相当或更小时，就会破坏晶体的周期性边界条件，进而导致材料的光、电、热、磁等物理性能出现新的特性，这就是小尺寸效应。主要表现为材料的强度与硬度提高、金属材料的电阻增大、磁的方面由有序状态变为无序状态等。小尺寸效应拓展了纳米材料的应用。

（3）量子尺寸效应

当颗粒尺寸减小到一定数值时，费米能级附近的处于准连续态的电子能级将会出现能隙变宽或直接变为离散态，这就是量子尺寸效应。量子尺寸效应会使材料呈现特殊的催化性能，吸收光谱蓝移，材料从导体变为绝缘体，等等。

（4）宏观量子隧道效应

微观颗粒贯穿势垒的效应即隧道效应，由于一些宏观的物理量（如磁化强度、磁通量等）可以隧穿宏观势阱，故称宏观量子隧道效应。

1.4.1.2 纳米材料的性能

（1）力学性能

纳米材料的比表面积大，界面纯度高，所以强度、硬度、韧性等力学性能均有较大提高。例如，铜纳米态的硬度是常规态的 50 倍。

（2）热学性能

纳米颗粒的熔点比常规颗粒的熔点低得多，比热容大。例如，银常规态熔点高达 670 ℃，纳米级别的低至 100 ℃ 以下。

（3）光学性能

随着颗粒尺寸减小到纳米尺度范围，材料的吸光性增强。例如：金属纳米颗粒绝大部分都是黑色的，可见吸光性极强；对于半导体，当颗粒尺寸减小时，相应带隙增加，导致吸收光谱和荧光光谱蓝移。

（4）电学性能

对于同种材料来说，颗粒尺寸减小到纳米尺度范围会导致相应的电阻、电阻温度系数变化。例如，银常规态是良导体，当颗粒尺寸减小到 10 nm 左右时，电阻骤然变大进而失去金属特性。

（5）磁学性能

纳米材料特殊的磁学性能主要呈现在具有巨磁电阻特性、磁热效应、超顺磁性以及高的矫顽力方面。

（6）化学性能

随着颗粒尺寸减小到纳米尺度范围，表面效应出现，比表面积增加，表面原子比重增加，物质表面活性增大、化学性质活泼。

1.4.1.3 纳米材料的合成与制备

纳米材料独特的性质及衍生出来的特有性能使得人们越来越重视纳米材料的发展。由于纳米材料的尺寸及形貌会对性能产生很大的影响，因此纳米材料的合成与制备也是人们研究的热点。根据制备形态，纳米材料的合成与制备方法分为气相法、固相法和液相法。

（1）气相法

气相法是将反应物变为气态，在气态下进行反应并制备材料的方法。气相法的优点有表面清洁、粒径分布均匀及分散性好。化学气相沉积法是较常见的气相法，是在气相或气固界面将气态反应物变成固态沉积物的方法，这种方法操作简单、产物纯度高，缺点是成本高、产量低。

（2）固相法

固相法分为室温固相法和高温固相法，两种方法除了温度差别，其他大致相似，大致过程如下：将反应物按一定比例和助熔剂充分球磨，在一定温度下煅烧，冷却后洗涤，干燥，再次球磨，再煅烧，如此反复，过筛后得到产物。影响固相法的因素如下：一是固体反应物的表面积及接触面积；二是成核速度；三是扩散速度。在固相法中球磨是尤为关键的步骤。固相法的优点在于无须溶剂、产量高、条件易控等，缺点有反复球磨时容易引入杂质、形貌不均匀等。

（3）液相法

液相法是在液态中制备纳米材料的方法，又称湿化学法。液相法的优点有操作简单、反应物易得、合成条件可控性强、产物均匀等，缺点有易引入杂质使产物纯度不高。常见的液相法包括化学沉淀法、微乳液法、溶胶-凝胶法、水热法等。

①化学沉淀法

化学沉淀法是在可溶体系中加入沉淀剂,在一定条件下将沉淀物过滤并洗涤,再经过干燥或煅烧得到产物的方法。化学沉淀法分为共沉淀法、均相沉淀法、水解沉淀法等。液相法可以简单地得到接近于化学计量比的产物,产物比固相法的产物更均匀。

②微乳液法

微乳液法是在由表面活性剂、助表面活性剂及两种互不相溶的液体组成的微乳液中进行的,在表面活性剂和助表面活性剂的作用下会形成彼此分离的微小液滴,反应是在这些微小液滴中独立进行的,有效避免了团聚。微乳液法的优点为操作简单,能耗低,产物分散性及稳定性好,粒径易控制且分布窄。缺点是实验条件控制不恰当会造成破乳进而会引起团聚,表面活性剂的存在会影响纳米材料的性能及应用。

③溶胶-凝胶法

溶胶-凝胶法是将金属盐溶液经过低温水解聚合等得到有特定结构的凝胶,再经过干燥或热处理制备纳米材料的方法。溶胶-凝胶法的优点有可低温制备一些传统方法无法制备的有机-无机复合材料(两相对温度要求不同),产物纯度均匀性好且操作简单。缺点是原料大多为有机物,成本高,可调控因素多,产物难控制。

④水热法

水热法是液相法中研究较多的一种,是在一定温度及压力下,在密闭的容器中以水为介质进行合成的方法。在水热法中,水起到关键作用。水的作用如下:一是充当溶剂;二是充当化学反应的反应物;三是促进化学反应及重排;四是提高反应物的溶解度;五是传递压力和介质;六是高温下可加速反应。水的作用拓展了水热法合成纳米材料的应用范围。水热法分为以下几类。A. 水热晶化法,是把非晶态的氢氧化物或氧化物在水热条件下溶解再结晶转变为新晶体的过程。这种方法的优点是可以同时水解及结晶,无须煅烧。B. 水热氧化法,是把金属或其相关金属合金等在水热条件下氧化成金属氧化物的过程。这种方法的优点是产物纯度高,时间短,尺寸均匀。C. 水热还原法,是高价态金属氧化物在还原剂的作用下通过水热条件还原为低价态的过程。D. 水热沉淀法,是可溶性的物质在沉淀剂的作用下通过水热条件生成新物质的过程,这种方法的产物均匀性好。E.水热分解法,是反应物在酸或碱的条件下通过水热条件分解生成新物质的过程,其中酸或碱浓度及种类对反应产物有很大影响。

水热法在合成材料方面表现出良好的多样性,得到越来越多的应用。与其他方法相比,水热法有着不可替代的优势:一是操作简单,原料价格低廉,能耗较低,经济划算;二是可通过调整溶液组成、压力、温度、pH值调控反应条件,得到最优的反应条件;三是反应在密闭容器中进行,对环境或人体伤害性小;四是产物均匀,粒径、形貌可控。某些易与水反应(或易于水解)的体系就不适合用水热法合成制备,因此有了溶剂热法的出现。

溶剂热法是在水热法基础上发展而来的,只是将水热法中的水换成了有机溶剂,原理与水热法类似。溶剂热法的优点如下:一是反应条件温和;二是加温加压下特殊的溶剂性质(如黏度、密度等)为常规条件下难以实现的反应提供了可能;三是有机溶剂的特殊性质(如沸点低、介电常数小、黏度大等)有利于合成新的纳米材料。溶剂热法避免了水的使用,从而避免了产物表面羟基的存在,所以溶剂热法的出现扩展了水热法的适用空间,具有较广阔的应用前景。

1.4.1.4 纳米材料的表征与测试方法

纳米材料的表征与测试方法是科学鉴别纳米材料种类、客观认识纳米材料结构、准确评估纳米材料性能的有效途径,是纳米材料稳固发展的必要手段。纳米材料的表征是对纳米材料的特点和性能进行有据可依的客观性的表述,主要是对纳米材料的组成、结构、性能等方面进行客观描述。纳米材料的表征参数如表1-1所示。

表1-1 纳米材料的表征参数

特性	参数
尺寸	颗粒的直径,晶粒的尺寸,纳米管/纤维的长度或端面尺寸,纳米薄膜的厚度,等等
形貌	球态、颗粒、管状、纤维状、线状等形貌,颗粒度及其分布,表面形态及均匀性,等等
结构	晶粒方面(晶体结构,晶面结构,晶界及各种点缺陷、位错及孪晶界等)和分子结构

续表

特性	参数
组成	主体、表面及微区化学组成的表征,包括元素组成、价态、官能团、杂质等
其他	特定应用参数,如团聚度、分散性、多孔性、振实密度、表面带电性、表观密度、对称性等

纳米材料的表征参数是评估纳米材料在某方面是否具有应用潜力的理论依据,对纳米材料的应用有着重要意义,那么该如何完成纳米材料的表征呢?这就涉及测试方法,科学权威的测试方法是全面获得纳米材料信息、科学表征纳米材料参数、权威评估纳米材料应用的必要条件。接下来就对几种常见的测试方法进行介绍。

(1)X 射线衍射(XRD)法

XRD 法适用于纳米晶体材料的尺寸测试、物相及结构分析。尺寸测试的依据是当晶体的原子间距与 X 射线的波长相当时,X 射线在通过晶体时会发生衍射现象,衍射线宽度与晶粒尺寸存在着一定的关系,如下式所示:

$$d = \frac{0.89\lambda}{B\cos\theta} \tag{1-1}$$

其中:λ 表示 X 射线波长;θ 表示半衍射角,可测试纳米晶体材料的尺寸;B 表示衍射线宽度;d 表示晶粒尺寸。物相分析根据纳米晶体材料的衍射角的位置和峰的强度鉴定纳米晶体材料的结晶度、晶相及其结构,可以用来鉴定未知物。X 射线衍射法是基于衍射现象进行分析的,因此适用于能够发生衍射现象的非晶纳米材料。

(2)电子显微镜法

电子显微镜法可对纳米材料的尺寸、形貌、表面状态及微区成分结构进行表征,包括扫描电子显微镜(SEM)法和透射电子显微镜(TEM)法。SEM 法是对根据入射电子束与材料表面相互作用而产生的二次电子、背散射电子等进行表面观察的测试方法。导电性好的样品可直接观察,导电性差的样品要先在表面镀上一层导电物质。TEM 法是根据透射电子的成像信息对纳米材料微区形貌及结构进行观察分析的方法。相对于 SEM 法,TEM 法的制样比较烦琐,要求比较高,相应的可提供的表征信息比较多。两种方法都涉及电子束的作用,因此电子显微镜法适用于耐电子束轰击的纳米材料的表征。

（3）光谱分析法

光谱分析法是根据光谱学的原理及方法进行物质的结构及化学组成分析的测试方法,包括原子光谱法、红外光谱法、紫外可见吸收光谱法等。红外光谱法是当材料中的某个分子基团振动频率或转动频率和红外光中某个波长光的频率一样时,就会对该波长的红外光产生吸收并发生能级跃迁,进而得到相应的红外光谱;该光谱能够进行分子结构的鉴定,是针对有机物质的表征方法。紫外可见吸收光谱法是材料对某特定波长的紫外可见光产生吸收后会引起相应的电子态的跃迁,反映了分子中的电子能级结构等信息,可对材料的结构组成等进行简单分析,对无机化合物和有机化合物均适用。对材料组成及结构可进行表征的方法还有核磁、质谱等。

（4）扫描探针显微镜（SPM）法

除了要对纳米材料的形貌、组成结构进行表征外,还要对其性能进行相应的表征,主要包括纳米材料的光学、力学、电学、磁学等方面。SPM 法是以探针与材料表面相互作用时所带来的信号为信息来对材料的结构及相关理化性能进行表征的分析方法。SPM 法中较具代表性的是原子力显微镜（AFM）法。AFM 法具有原子级别的分辨率,是将尖细探针与受测材料原子之间的相互作用力通过微悬臂感受和放大后进行检测分析的;与 SEM 法相比,AFM 法可进行除真空环境外的大气及溶液等条件下的原位成像分析,还可以对材料的力学（如弹性、硬度及塑性等）及表面微区摩擦性能进行表征。

除上述测试方法外,还有很多适用于纳米材料的测试方法,如热重分析、拉曼光谱、俄歇电子能谱法等,不同的测试方法有不同的适用范围,可进行测试的表征参数也不相同,根据应用需求找出需要表征的代表性参数,再选取合适的测试方法,才能达到准确表征的目的,进而可以有效推动纳米材料的应用发展。

1.4.2　基于纳米材料构建的电化学葡萄糖传感器

纳米材料特有的效应决定了其具有独特的光学、电学、力学、磁学等性能,这些独特的性能极大拓展了纳米材料在磁性材料、光电材料、医学生物材料、化工能源等领域的应用空间。接下来将重点介绍纳米材料在电化学葡萄糖传感器中的应用。

纳米材料的介入主要起到了以下几方面作用：一是解决酶的固定化问题，从而提高传感器的稳定性和重现性；二是增强酶和电极之间的电子传递作用，进而提高传感器的灵敏度；三是直接起到电催化作用，为构建无酶电化学葡萄糖传感器提供敏感材料，避免葡萄糖酶电化学传感器的弊端。

1.4.2.1 纳米材料在葡萄糖酶电化学传感器中应用的研究进展

葡萄糖酶电化学传感器由于高的催化性和特异的专一性得到研究人员的重视，但是无论哪代传感器都有不尽如人意的地方，因此越来越多的研究人员将重点放在寻找理想材料上。

第一代葡萄糖氧化酶电化学传感器存在的主要问题是氧电极易受氧气分压影响，过氧化氢电极的氧化过电位太高易引起其他分析物质的干扰电流，这些会造成传感器的准确性差。解决氧电极问题的方法主要有通过纳米材料修饰电极提高电子传输能力或使用本身富氧的敏感材料。有学者报道了一种基于拓扑绝缘体 Bi_2Se_3 修饰的 GOD 电极，受益于 Bi_2Se_3 优异的表面导电性；由各种修饰电极的交流阻抗谱对比图可知，经过 Bi_2Se_3 修饰的电极可提高电子传输能力，对溶解氧具有较高的催化作用。有学者报道了基于氮掺杂的碳纳米管修饰的 GOD 电极，该电极对溶解氧的催化能力极强，在葡萄糖检测时表现出了优异的结果。有学者对比了修饰富氧材料和基于化学介体的葡萄糖酶电化学传感器的性能，发现富氧材料修饰后的电极有较优异的性能，在有氧或无氧的情况下催化性能类似。这些结果证实了纳米材料修饰电极可增强电子传输能力，使用富氧材料是解决第一代葡萄糖氧化酶电化学传感器易受氧干扰的有效途径。

解决过氧化氢电极问题的主要途径是通过纳米材料修饰来降低过氧化氢的过电位或修饰一层选择性的透过膜进而排除其他分析物质的干扰。有学者报道了基于 Nafion 和纤维素乙酸酯复合膜改性的电化学葡萄糖传感器，改性后的传感器在测定过氧化氢浓度时可有效避免其他物质的干扰。有学者报道了基于聚醚砜和聚碳酸酯共同修饰的 GOD 电极，里层的聚醚砜膜可有效排除其他物质干扰。有学者报道了用普鲁士蓝（PB）和 ODTA 共同固化 GOD 而成的葡萄糖氧化酶电极，该电极在 0 V 的电压下可催化过氧化氢，有效降低了过氧化氢的过电位。碳纳米管、Pt 等均能通过修饰电极有效降低过氧化氢的过电位。

这些结果充分说明修饰特定纳米材料及选择性透过膜都可以有效解决过氧化氢电极的问题。

对于第二代葡萄糖氧化酶电化学传感器,化学介体的引入使传感器摆脱了第一代葡萄糖氧化酶电化学传感器的弊端,但是化学介体具有电子传递作用且容易从酶层脱落,会造成传感器稳定性差,因此增强酶与化学介体之间的相互作用是提高第二代葡萄糖氧化酶电化学传感器性能的关键步骤。有学者将化学介体通过化学作用键合在柔性的聚合物骨架上来增强酶活性中心和化学介体之间的作用,获得了稳定的传感性能。有学者通过静电自组装方法将化学介体、GOD 及多壁碳纳米管固定于电极表面,这种方法增强了化学介体与酶及电极之间的作用,可以有效地进行电子传递,提高了传感器性能。有学者将氢醌磺酸钠和 GOD 加入到吡咯单体溶液中,混合均匀后通过电聚合的方法一起沉积到电极表面,有效提高了修饰电极的响应信号及稳定性。在第二代葡萄糖氧化酶电化学传感器中,电子或质子主要在酶、化学介体及电极之间传递,因此可以增强三者之间相互作用的方法都是有效提高传感器性能的切入点。

第三代葡萄糖氧化酶电化学传感器不经过任何中间物,是酶和电极之间的直接电子转移,由于酶的分子结构庞大且活性中心位于分子中部,电子传递路径过长,所以拉近酶的活性中心与电极之间的距离是提高性能的关键。据报道,用导电性好的纳米材料修饰电极后相当于在酶活性中心和电极表面架起一条"导线",有利于直接电子传递。有学者报道了石墨烯和壳聚糖的纳米复合物改性玻碳电极(GCE)后再吸附 GOD 的传感器,石墨烯为酶提供了适宜的微生物环境,有利于直接电子传递,壳聚糖可防止石墨烯团聚并可同时固定酶,该传感器性能极佳。有学者报道了以铂纳米晶体修饰酶电极充当"导线"进而实现直接电子转移。有学者报道了在 PQQ/FAD 修饰的 Au 电极上通过诱导酶重新排列实现直接电子传递。在第三代葡萄糖氧化酶电化学传感器中,直接电子传递是较关键的步骤,因此有利于电子传递且与酶相容性好的纳米材料是研究重点。

纳米材料的发展为葡萄糖酶电化学传感器提供了无限可能,解决了很多传统材料不能解决的问题。

1.4.2.2 纳米材料在无酶电化学葡萄糖传感器中应用的研究进展

无论纳米材料如何发展,都无法避免酶本身的固有属性带来的问题,所以关于无酶电化学葡萄糖传感器的研究越来越受到关注。纳米材料在无酶电化学葡萄糖传感器中主要起催化物或反应物的作用。无酶电化学葡萄糖传感器的纳米材料大致分为三大类。

(1)基于贵金属纳米材料的无酶电化学葡萄糖传感器

贵金属及其合金由于具有优异的葡萄糖催化性能、生物亲和性等优势,因此被广泛应用于无酶电化学葡萄糖传感器。有学者用电化学沉积法制备了铂的纳米花状结构,并对其葡萄糖催化性能进行了研究,该修饰电极呈现出了高的灵敏度、宽的线性范围及低的检出限。有学者在 Cu 线修饰的 GCE 上用电置换反应(以 Cu 线为模板)制备了多孔的钯纳米管结构,受益于该结构的大比表面积及钯金属本身的催化性能,该材料显示出优异的葡萄糖催化性能。有学者以 AAO 为模板用电化学沉积法制备 Pt-Pd 纳米线阵列和纳米管阵列,并对两者的葡萄糖催化性能进行了比较,纳米管阵列性能更佳。基于贵金属纳米材料的无酶电化学葡萄糖传感器存在如下缺点:贵金属昂贵,经济性差,贵金属容易氯离子中毒而失去催化活性,选择性差。因此,越来越多的研究者将注意力放在了其他金属等纳米材料上。

(2)基于其他金属纳米材料的无酶电化学葡萄糖传感器

其他金属(如镍、铜、钴及它们的合金)经济性好,也对葡萄糖具有较好的催化性能。有学者报道了基于 Cu 线为纳米材料的无酶电化学葡萄糖传感器,该传感器具有高灵敏度、低检出限等。有学者报道了基于 Ni 线为纳米材料的无酶电化学葡萄糖传感器,该传感器传感性能极好。有学者直接将基体泡沫 Ni 充当工作电极,该传感器催化性能良好。关于常见的其他金属合金等复合物的研究有大量报道。其他金属不稳定,在溶液或空气中都极易被氧化,所以其他金属氧化物或氢氧化物引起了研究人员的注意。

(3)基于其他金属氧化物及氢氧化物纳米材料的无酶电化学葡萄糖传感器

Ni 基、Cu 基、Co 基氧化物及氢氧化物由于具有与其金属类似的催化性能,并且较其金属来说性能更稳定,因此引起了研究者的广泛关注。有学者用水热法合成了玫瑰花状的氢氧化镍,并对其葡萄糖催化性能进行了研究。有学者在 Cu 泡沫基体上原位生长 CuO 纳米线,并直接用作葡萄糖传感器,该传感器催化性能优异。有学者以 PB 为模板用化学刻蚀的方法制备了 CoO_x 纳米立方体结构,结果表明,该结构呈现良好的葡萄糖催化性能。以上结果表明 Ni 基、Cu

基、Co 基氧化物及氢氧化物都是良好的葡萄糖催化材料,会推动无酶电化学葡萄糖传感器的发展,但是无论氢氧化物还是氧化物都由于导电性差造成传感器的灵敏度差,因此无酶电化学葡萄糖传感器还有待探索。

1.5　本书的研究目标及内容

本书的研究目标是探索合适的纳米材料或修饰方法来提高电化学葡萄糖传感器的性能,改善电化学葡萄糖传感器的灵敏度、选择性、稳定性等。对于葡萄糖酶电化学传感器,可以通过纳米材料的修饰提高电子传输能力及稳定酶的固定,从而尽量避免氧干扰并进一步改善经典酶电极的催化性能。对于无酶电化学葡萄糖传感器,主要从敏感材料和材料与电极的电子传递作用这两方面出发。在敏感材料方面,合适的材料既要具备类似贵金属的优异导电性,又要具备氧化物的稳定性,尤其要对葡萄糖具有高的催化性能,进而通过其修饰玻碳电极构建无酶电化学葡萄糖传感器,改善传感性能。在材料与电极的电子传递作用方面,主要考虑摒弃传统的滴涂法并探寻合适的方法将敏感材料直接生长于基体上,这样可以增强两者之间的相互作用,减小接触电阻,进而改善传感性能。

本书的研究内容包括以下几方面。

(1) 基于 Bi_2Te_3 修饰的葡萄糖酶电化学传感器的性能研究

对于经典酶电极来说,易受氧气干扰是限制其应用的主要因素。通过纳米材料修饰电极来提高电子传输能力是改善性能的有效手段。笔者利用溶剂热法制备了拓扑绝缘体 Bi_2Te_3 纳米片,以其修饰 GCE,通过表面活性剂 PVP 对 GOD 进行包埋后固定于修饰电极表面。受益于拓扑绝缘体 Bi_2Te_3 高的表面导电性,该修饰电极电子传输能力提高并呈现出优异的催化性能。

(2) 基于多组分 Ni-Mn 氧化物修饰的无酶电化学葡萄糖传感器的性能研究

贵金属、其他金属、其他金属氧化物及氢氧化物是重要的无酶电化学葡萄糖传感器的敏感材料,各有各的优势,但是随着科技的进步,单一材料已不能满足人们的需求,复合材料的应用逐渐走进人们的视野。笔者通过控制溶剂热法合成条件制备了多组分 Ni-Mn 氧化物,并选取了形貌均匀的具有微球结构的多组分 Ni-Mn 氧化物为敏感材料对葡萄糖催化性能进行了研究。受益于多组分 Ni-Mn 氧化物之间的协同作用及 Ni 基的催化作用，该修饰电极在较低电压下对葡萄糖呈现优异的催化作用，该修饰电极的灵敏度、线性范围及检出限均优于一些已报道的 Ni 基或 Mn 系无酶电化学葡萄糖传感器。

（3）基于 NiMoO$_4$ 纳米棒修饰的无酶电化学葡萄糖传感器的性能研究

通过贵金属与金属氧化物复合构建无酶电化学葡萄糖传感器既可保留贵金属优异的导电性，也可受益于金属氧化物的稳定性，最重要的是对葡萄糖有优异的催化性能，因此受到研究者的青睐，但是该复合材料同时也保留着贵金属的高成本的特点。NiMoO$_4$ 既具有钼酸盐的高电导率，同时具备 Ni 基高的催化性能，而且较贵金属经济，是无酶电化学葡萄糖传感器理想的敏感材料。笔者通过水热法制备了 NiMoO$_4$ 纳米棒，并以其修饰 GCE 构建了无酶电化学葡萄糖传感器，通过实验条件优化，选择了最佳的溶液浓度及电压对修饰电极进行了葡萄糖催化性能测试，测试结果表明，该修饰电极对葡萄糖可实现高灵敏度、低检出限、宽线性范围的检测，特别是在血清样本的检测中，与医院结果吻合度极高。

（4）基于碳纤维布生长 NiCo$_2$O$_4$ 纳米线阵列直接构建无酶电化学葡萄糖传感器的性能研究

笔者考虑从敏感材料及材料与电极之间的电子传递作用两方面同时出发探索改善传感器性能的方法。在材料方面，笔者选取了 NiCo$_2$O$_4$ 为敏感材料，主要有以下几方面的考虑：一是受益于不同价态的 Ni 离子和 Co 离子的存在及它们之间的协同作用，与 NiO 及 CoO$_x$ 的导电性能相比，NiCo$_2$O$_4$ 拥有更优异的电导率，甚至高出 2 个数量级；二是 Ni 基或 Co 基材料在碱性环境中具有较高的葡萄糖催化性能，NiCo$_2$O$_4$ 亦具有高的葡萄糖催化性能；三是基体生长 NiCo$_2$O$_4$ 纳米材料的研究较成熟。在众多基体中，选取碳纤维布（CFC）主要由于其具有高强度、高电导率、优异的抗腐蚀能力及良好的相容性。基体生长直接构建无酶电化学葡萄糖传感器避免了传统滴涂法的劣势，可通过增强材料与电极之间的电子传递作用减小接触电阻等进而改善传感性能。笔者通过水热法结合退火处理制备了生长在 CFC 上的 NiCo$_2$O$_4$ 纳米线阵列，并对其进行了相应的表征，将其直接用作无酶电化学葡萄糖传感器时，呈现出优异的催化性能。笔者构建的无酶电化学葡萄糖传感器对浓度为 0.5 ~ 4.2 mmol/L 的葡萄糖溶液具有良好的响应性,灵敏度为 6. 027 mA/(mmol · L^{-1});对浓度为 5. 2 ~ 22. 2 mmol/L 的葡萄糖溶液具有良好的响应性,灵敏度为 0. 549 mA/ (mmol · L^{-1})。

第二章 基于 Bi_2Te_3 修饰的葡萄糖酶电化学传感器的性能研究

2.1 引言

定量葡萄糖浓度对临床诊断、食品分析、环境保护等领域具有至关重要的意义。葡萄糖酶电化学传感器的发展大致分为如下阶段：一是通过检测氧气浓度的减少或过氧化氢浓度的增加来间接定量葡萄糖浓度的经典酶电极(氧电极及过氧化氢电极)；二是引入化学介体代替氧气或过氧化氢与电极进行电子传递的介体葡萄糖酶电极；三是不通过任何介质，酶氧化还原活性中心直接与电极之间进行电子转移的直接葡萄糖酶电极。目前已经商业化的葡萄糖酶电化学传感器大多是在经典酶电极的基础上发展起来的，经典酶电极存在的主要问题是氧电极易受氧浓度影响进而干扰检测的准确性，过氧化氢电极存在的主要问题是过电位太高易引起其他物质的干扰电流进而导致选择性差。利用导电性好的纳米材料修饰电极提高电子传递能力或利用合适的方法及材料增强酶与电极之间的固定作用都是改善葡萄糖酶电化学传感器催化性能的有效手段。

拓扑绝缘体是一种体内绝缘态、表面金属态的材料，其体内绝缘不同于传统意义上的绝缘，是一种有能隙的绝缘；表面是无能隙的金属态，这种金属态并不是由表面结构决定的，而是由自旋轨道耦合效应引起的，因此其表面金属态的存在是非常稳定的，基本不受任何杂质及表面改性的影响。拓扑绝缘体这种独特的性能使其在自旋电子器件、清洁能源、表面催化、量子计算等领域中有着潜在的应用前景。作为拓扑绝缘体的一员，Bi_2Te_3 及 Bi_2Se_3 被称为三维拓扑绝缘体，是理想的研究模型，具有拓扑绝缘体家族必备的表面金属态特色，这种稳定的表面金属态的特点使在表面发生的电催化反应存在潜在应用。有学者报道了一种基于 Bi_2Se_3 及 PB 共同修饰的电化学葡萄糖传感器，该传感器的电子传输速率、灵敏度、最低检出限等优于大部分已报道的传感器，证实了 Bi_2Se_3 稳定的表面金属态在电化学葡萄糖传感器中的优势。有学者报道了基于 Bi_2Se_3 修饰的葡萄糖氧化酶电化学传感器，该传感器经过 Bi_2Se_3 修饰后电子传输能力提高，经典酶电极的性能改善，佐证了稳定的表面金属态在电化学葡萄糖传感器中的优势。

提高电子传输能力及酶的固定化作用均可有效改善葡萄糖酶电化学传感

器性能,并且反应多数在表面进行,运用表面导电性好的材料修饰电极更有利于电子传输,简单的包埋既可以保持酶活性亦可增强与电极的作用,改善传感器的稳定性。在本章研究中,笔者用溶剂热法制备了 Bi_2Te_3 纳米片,以其修饰抛光清洁后的 GCE,考虑到拓扑绝缘体特有的表面金属态特性及片结构的大比表面积有助于提高电子传输能力,将葡萄糖氧化酶通过聚乙烯吡咯烷酮(PVP)包埋后固定于修饰电极表面构建葡萄糖氧化酶电化学传感器,通过循环伏安法及电化学阻抗谱(EIS)等电化学分析手段对催化性能进行探索研究。

2.2 实验部分

2.2.1 实验仪器、试剂和药品

本章研究使用的仪器如下。

分析天平、电化学工作站、SEM、TEM、XRD 仪、磁力搅拌器、鼓风干燥箱、离心机和真空干燥箱。

本章研究使用的试剂及药品如下。

氯化铋($BiCl_3$)、PVP、氢氧化钠(NaOH)、乙二醇 $[(CH_2OH)_2]$ 、葡萄糖($C_6H_{12}O_6$)、乙醇(C_2H_5OH)、GOD、亚碲酸钠(Na_2TeO_3) 和磷酸盐缓冲液(PBS),实验中所用的去离子水为实验室自制的。

2.2.2 Bi_2Te_3 纳米片的制备

Bi_2Te_3 纳米片是通过溶剂热法制备的,具体过程如下:0. 315 g $BiCl_3$、0. 34 g Na_2TeO_3、0.6 g NaOH 及 0.5 g PVP 加入到 36 mL (CH_2OH)$_2$ 溶液中,磁力搅拌 1 h 后,转移到 50 mL 反应釜,密封后放入鼓风干燥箱中,180 ℃反应36 h,自然冷却至室温,离心机离心后用 C_2H_5OH 洗涤离心 3 次,最后置于 65 ℃真空干燥箱中干燥 24 h 左右。

2.2.3　修饰电极的制备

在修饰改性之前,在金相砂纸上打磨 GCE(3 mm),再用 0.30 μm 及 0.05 μm 的 Al_2O_3 浆液进行抛光处理,去离子水冲洗,交替地在 C_2H_5OH 及水中超声各 20 s 左右,得到表面清洁的 GCE,将处理过的 GCE 置于空气中自然干燥备用。取 1 mg 干燥好的 Bi_2Te_3 纳米片置于 1 mL 去离子水中超声分散 1 h 左右,取 8 μL 制备好的 Bi_2Te_3 纳米片悬浮液滴于备用的 GCE 表面,放置在大气氛围中干燥 24 h,取一定量的 GOD 置于 1 mg/mL 的 PVP 溶液中制成 GOD 浓度为 5 mg/mL 的混合液,取 8 μL 该混合液滴于干燥好的 Bi_2Te_3 纳米片修饰的 GCE 上,再置于 4 ℃冰箱中保存,该修饰电极记为 Bi_2Te_3-PVP-GOD-GCE,用同样的方法制备无 GOD 的修饰电极(Bi_2Te_3-PVP-GCE)、无 Bi_2Te_3 的修饰电极(PVP-GOD-GCE)、只有 PVP 修饰的电极(PVP-GCE)及无任何修饰的纯 GCE。

2.2.4　表征与测试

XRD 是对晶体结构表征的基本手段,本章 XRD 表征是在 40 kV 和 30 mA 条件下进行的;SEM 是对材料形貌及尺寸大小进行表征的重要手段,笔者通过 SEM 对实验制备的 Bi_2Te_3 纳米片的形貌和大小进行相应表征;笔者通过 TEM 对材料内部微观结构进行观察与分析。电化学工作站是电化学测量系统常用的设备,本章中的电化学测试采用三电极测试系统,以修饰电极为工作电极、银/氯化银电极(Ag/AgCl)为参比电极、铂丝电极为对电极,以 0.01 mol/L PBS 为电解液,所有的测试都是在室温下进行的,氮气饱和或氧气饱和均是在测试前向溶液中通入相应气体 1 h 左右。

2.3 结果与讨论

2.3.1 Bi$_2$Te$_3$ 纳米片的表征

Bi$_2$Te$_3$ 纳米片样品的物相结构是通过 XRD 进行表征的,如图 2-1 所示:实验制备的 Bi$_2$Te$_3$ 纳米片的所有衍射峰均可归属斜方六面体晶系结构的 Bi$_2$Te$_3$(JCPDS card No. 15-0863),没有其他多余的衍射峰存在。以上结果说明实验制备的 Bi$_2$Te$_3$ 纳米片纯度较高,不包含其他杂质。实验制备的 Bi$_2$Te$_3$ 纳米片在不同倍率下的 SEM 图片如图 2-2 所示。实验制备的 Bi$_2$Te$_3$ 纳米片呈现规整的六边形结构,边长分布在 300~450 nm,如图 2-2(d)所示,实验制备的 Bi$_2$Te$_3$ 纳米片的六边形形貌非常规整,经计算,对角线的长度在 700 nm 左右,是边长的 2 倍左右。

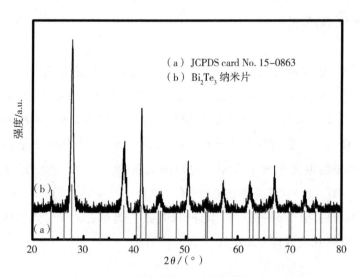

图 2-1 实验制备的 Bi$_2$Te$_3$ 纳米片的 XRD 图谱

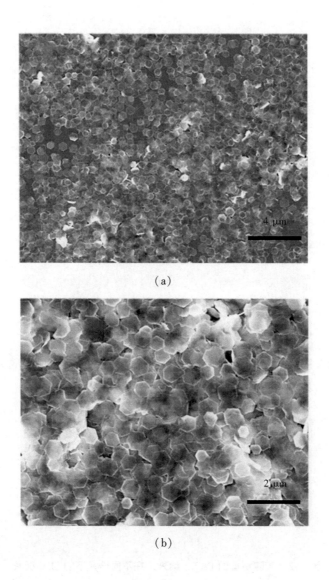

(a)

(b)

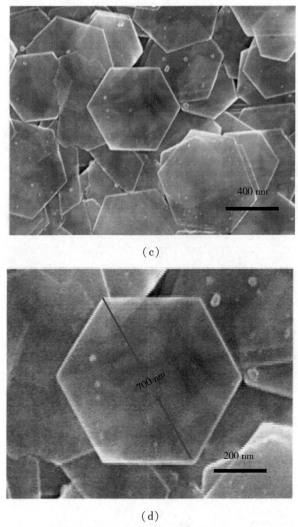

（c）

（d）

图 2-2　实验制备的 Bi_2Te_3 纳米片在不同倍率下的 SEM 图片

实验制备的 Bi_2Te_3 纳米片进一步的形貌及微结构表征由 TEM 完成。如图 2-3（a）（b）所示，实验制备的 Bi_2Te_3 纳米片呈现规整的六边形结构，和 SEM 的表征结果相吻合。如图 2-3（c）所示，实验制备的 Bi_2Te_3 纳米片有明显的晶格条纹，经计算，晶格间距为 0.223 nm，对应于斜方六面体晶系结构的 Bi_2Te_3（JCPDS card No.15-0863）中的（0111）晶面。图 2-3（d）的选区电子衍射图呈现点阵结构，说明实验制备的 Bi_2Te_3 纳米片有单晶的特点。

（a）

（b）

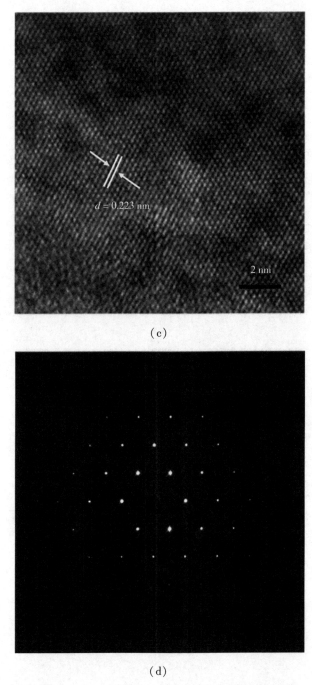

（c）

（d）

图 2-3　实验制备的 Bi_2Te_3 纳米片在不同倍率下的 TEM 图片（a）（b），
高分辨透射电子显微镜图片（c），选区电子衍射图（d）

2.3.2　修饰电极对于溶解氧的还原电流响应信号的表征

　　修饰电极对于溶解氧的还原电流响应信号测试是通过循环伏安法完成的。为了更明确电极的各种修饰物在溶解氧的还原电流响应信号中的作用,笔者分别对不同修饰电极进行了测试,在 0.01 mol/L、pH＝7.4 的 PBS 中进行,测试电压范围为 −1.0~0.2 V,扫描速度为 100 mV/s。如图 2-4 所示,由(a)代表的纯 GCE 与(b)代表的 PVP-GCE 比较可知,PVP 修饰的电极对于溶解氧的还原电流响应信号有轻微的减小,表明 PVP 修饰对电子传输有着一定阻碍作用,在后续的 EIS 测试中会得到进一步证实,在此基础上修饰 Bi₂Te₃ 纳米片(c)对于 −0.7 V 左右的溶解氧的还原电流响应信号有大幅度的提升,甚至高于纯 GCE 很多,这表明 Bi₂Te₃ 纳米片修饰后提高了电子传输能力,证实了拓扑绝缘体特有的表面金属态有助于电子传输,后续的 EIS 结果会进一步证实该结论。

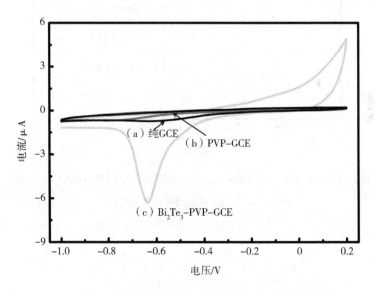

图 2-4　不同修饰电极在 0.01 mol/L、pH＝7.4 的 PBS 且
扫描速度为 100 mV/s 下的循环伏安曲线

为了进一步验证修饰电极 Bi_2Te_3-PVP-GCE 可以用来检测葡萄糖浓度,即修饰电极 Bi_2Te_3-PVP-GCE 要对溶液中溶解氧浓度的变化敏感,笔者对修饰电极 Bi_2Te_3-PVP-GCE 在不同溶解氧浓度的 PBS 中进行相应的循环伏安测试,并将测得的循环伏安曲线进行了比较,循环伏安测试分别在 N_2、空气及 O_2 饱和的PBS 中进行,见图 2-5。与(b)代表的经过空气饱和的测试结果相比,当测试溶液经过 N_2 饱和(a)后,修饰电极对于溶解氧的还原电流响应信号几乎消失;溶液经过 O_2 饱和(c)后,该信号明显增强,意味着修饰电极对溶解氧浓度的变化敏感,为稍后用作葡萄糖浓度检测奠定了基础。

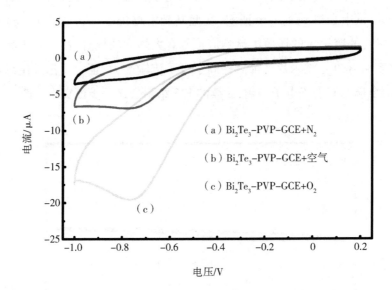

图 2-5　修饰电极 Bi_2Te_3-PVP-GCE 在经过不同气体饱和的 0.01 mol/L、
pH=7.4 的 PBS 中的循环伏安曲线

注:(a)代表经过 N_2 饱和,(b)代表经过空气饱和,(c)代表经过 O_2 饱和。

2.3.3　修饰电极对电子传输能力影响的研究

为了明确修饰电极对电子传输能力的影响、Bi_2Te_3 纳米片的增强作用,笔者对不同修饰电极进行了 EIS 测试,如图 2-6 所示。所有的修饰电极的 EIS 结果都包括半圆部分和直线部分,其中半圆部分的直径代表电子传输阻抗(R_{ct})。

（a）代表的 PVP-GCE 的 R_{ct} 大概为 500 Ω，表明 PVP 修饰对电子传输有阻碍作用，而在此基础上修饰 Bi_2Te_3 后［即（c）代表的 Bi_2Te_3-PVP-GCE］的 R_{ct} 减小，为 150 Ω 左右，表明 Bi_2Te_3 可以提高电极的电子传输能力，相似的情况也出现在 PVP-GOD-GCE 和 Bi_2Te_3-PVP-GOD-GCE 两种修饰电极上。与 PVP-GCE 相比，在此基础上修饰 GOD 后［即（b）代表的 PVP-GOD-GCE］的 R_{ct} 明显增大很多，甚至高达 800 Ω 左右，表明 GOD 稳定地固定于电极上且 GOD 的存在不利于电子传输。在 PVP-GOD-GCE 基础上修饰 Bi_2Te_3 后［即（d）代表的 Bi_2Te_3-PVP-GOD-GCE］的 R_{ct} 明显减小很多，为 300 Ω 左右，甚至小于 PVP-GCE。这些结果充分说明 Bi_2Te_3 纳米片对电子传输能力的增强作用，这种增强能力归功于拓扑绝缘体的表面金属态。EIS 结果表明 Bi_2Te_3 纳米片的表面金属态有利于提高电子传输能力，接下来笔者对其葡萄糖催化性能进行了研究。

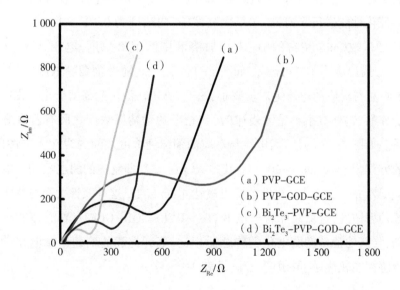

图 2-6　不同修饰电极在 5 mmol/L Fe(CN)$_6^{4-}$/Fe(CN)$_6^{3-}$ 的测试
溶液且频率范围为 $0.01 \sim 10^5$ Hz 下的 EIS 图谱

2.3.4 Bi$_2$Te$_3$-PVP-GOD-GCE 的葡萄糖催化性能研究

GOD 催化葡萄糖氧化过程中消耗溶液中的氧进而产生相应的过氧化氢,因此很多报道是基于检测氧气浓度的减少或过氧化氢浓度的增加来间接检测葡萄糖浓度的。基于此原理进行定量葡萄糖浓度的氧电极易受氧气浓度的影响,通过修饰纳米材料提高电子传输能力是改善经典酶电极性能的有效途径之一。在前面的实验中笔者已经证实了 Bi$_2$Te$_3$ 纳米片修饰后可明显提高电子传输能力,Bi$_2$Te$_3$ 纳米片修饰后电极对溶解氧浓度变化比较敏感,因此利用 GOD 修饰的 Bi$_2$Te$_3$-PVP-GOD-GCE 检测葡萄糖浓度且改善传感器的传感性能理论上可行。由于 GOD 修饰后不利于电子传输,所以前面 EIS 结果证明了 GOD 已成功地固定于电极上。接下来,笔者通过循环伏安法对 Bi$_2$Te$_3$-PVP-GOD-GCE 的葡萄糖催化性能进行了研究,在每次测试前,向浓度为 0.01 mol/L 且 pH=7.4 的 PBS 通入 30 min 左右的 O$_2$ 来增加溶液中溶解氧浓度,电压从 -1.0 V 到 0.2 V,扫描速度为 100 mV/s。如图 2-7(a)所示,随着葡萄糖浓度的增加,在 -0.75 V 左右对应的电流绝对值减小,这是在 GOD 催化葡萄糖氧化过程中消耗氧气造成的,这种减小不是无规律的,和相应的葡萄糖浓度之间有着良好的线性关系。如图 2-7(b)所示,电流与对应的葡萄糖浓度之间的线性相关性良好,对应的方程为 $y=2.348x-20.14$,其中 $R^2=0.972$,即制备的酶电极的灵敏度为 2.348 μA/(mmol·L^{-1}),线性范围可高达 4 mmol/L,这种线性关系可用来检测未知葡萄糖浓度,这就意味着电极 Bi$_2$Te$_3$-PVP-GOD-GCE 有着潜在实用的理论基础,与其他葡萄糖酶电化学传感器相比,笔者构建的葡萄糖酶电化学传感器的传感性能较优越、灵敏度较高,见表 2-1。

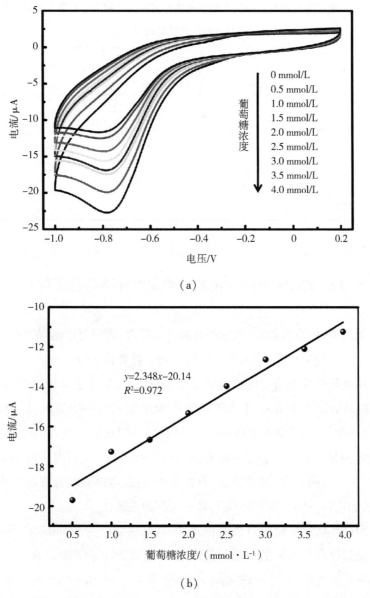

（a）

（b）

图 2-7　修饰电极 Bi₂Te₃-PVP-GOD-GCE 在 0.01 mol/L、pH=7.4 的经 O₂ 饱和的
PBS 中对不同浓度的葡萄糖的循环伏安曲线（a），
-0.75 V 左右对应的电流与葡萄糖浓度的线性相关性（b）

表 2-1　笔者构建的葡萄糖酶电化学传感器与其他已报道的葡萄糖酶电化学
传感器的催化性能比较

材料	检测限/ $(\mu mol \cdot L^{-1})$	灵敏度/ $(\mu A \cdot cm^{-2} \cdot mmol^{-1} \cdot L)$	来源
Bi_2Te_3-PVP-GOD-GCE	—	33.22	当前工作
Bi_2Se_3-PVP-GOD-GCE	1.05	8.01	前人研究
ZnO 纳米管	1.0	21.7	前人研究
AuNPs/多壁碳纳米管	2.3	19.27	前人研究
PB/Bi_2Se_3	3.8	24.55	前人研究

2.3.5　Bi_2Te_3-PVP-GOD-GCE 的重现性和稳定性研究

笔者采用 PVP 包埋 GOD 的方法对酶进行固定,希望可以借助 PVP 的作用促进酶与电极之间的作用,进而提高电极的重现性和稳定性。

笔者用循环伏安法研究电极的重现性,用滴涂法制备了 4 根 Bi_2Te_3-PVP-GOD-GCE,并分别对 1 mmol/L 葡萄糖浓度响应做了循环伏安测试,测试电压为-1.0~0.2 V,扫描速度为 100 mV/s,以经过 O_2 饱和的 0.01 mol/L、pH=7.4 的 PBS 为电解液。笔者比较了 4 根修饰电极在-0.75 V 左右对应的电流,并求相对偏差,结果表明,标准偏差较小,为 2.37% 左右,考虑到改性方法的粗糙性,笔者构建的 Bi_2Te_3-PVP-GOD-GCE 具有较高的重现性。

笔者用循环伏安法研究电极的稳定性,葡萄糖浓度为 2 mmol/L,每次测试结束后电极都保存在 4 ℃的冰箱的保鲜层中,测试 25 d 内传感器在-0.75 V 左右对应的电流变化情况,并与初始电流比较,如图 2-8 所示,25 d 内电流的衰减不明显,最后一天的电流可达到初始电流的 89.13%,说明该电极稳定性好。以上结果间接证实了用 PVP 包埋 GOD 不仅保持了 GOD 活性,也成功促进了酶与电极之间的作用,从而改善了稳定性。

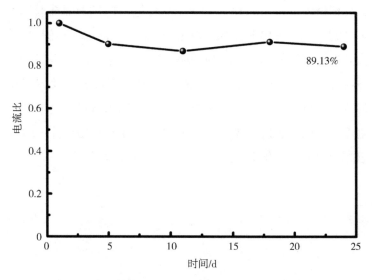

图 2-8　修饰电极 Bi$_2$Te$_3$-PVP-GOD-GCE 的稳定性

2.4　小结

　　葡萄糖酶电化学传感器在电化学葡萄糖传感器中具有重要作用,但是,测试易受氧浓度影响进而干扰测试结果的准确性,在电极上修饰导电性好的纳米材料来提高电子传输能力是提高氧电极传感性能的有效手段之一。对于葡萄糖酶电化学传感器,酶的固有属性使传感器的重现性及稳定性差,简单的包埋处理可以提高酶与电极的相互作用进而提高传感器的稳定性。利用拓扑绝缘体 Bi$_2$Te$_3$ 特有的表面金属态进行电极修饰会提高电子传输能力,进而改善传感器的催化性能;表面活性剂 PVP 对 GOD 进行包埋固定,在增强酶与电极之间的相互作用的同时最大限度保持酶活性,进而改善传感器的稳定性。

　　笔者用溶剂热法制备了形貌均匀的六边形结构的 Bi$_2$Te$_3$ 纳米片,将 GOD 分散于 PVP 溶液中进行包埋处理,制备了各种修饰电极,用 EIS 和循环伏安法对修饰电极进行了相应的电化学表征,结果表明,Bi$_2$Te$_3$ 纳米片对电子传输能力有增强作用,经过 PVP 包埋处理的 GOD 也成功地固定于电极上。笔者对修饰电极 Bi$_2$Te$_3$-PVP-GCE 在不同气体饱和处理后的电解液中进行循环伏安测试,结果表明,修饰 Bi$_2$Te$_3$ 纳米片的电极对溶解氧浓度的变化敏感。以上结果是最终进行葡萄糖浓度检测的理论依据。当将笔者构建的葡萄糖酶电化学传感器(修饰电极为 $Bi_2Te_3-PVP-GOD-GCE$)用于葡萄糖浓度检测时,该传感器呈现出了优异的传感性能,有较高的灵敏度、较宽的线性范围,并且稳定性及重现性较好,这些优异的传感性能与 Bi_2Te_3 特有的表面金属态及固定化方法有关。笔者的研究结果佐证了通过修饰导电性好的纳米材料提高电子传输能力可以改善电极的传感性能这一观点,也进一步证实了拓扑绝缘体 Bi_2Te_3 特有的表面金属态在葡萄糖酶电化学传感器中具有潜在的应用价值。

第三章　基于多组分 Ni-Mn 氧化物修饰的无酶电化学葡萄糖传感器的性能研究

3.1 引言

葡萄糖酶电化学传感器具有高效的催化能力和特异的专一性,被认为是较具潜力的定量葡萄糖浓度手段,但是葡萄糖酶本身的固有属性导致此类传感器的稳定性及重现性差,另外,高额成本及复杂的固定化方法限制了其产业化,所以越来越多的研究人员将注意力转向无酶电化学葡萄糖传感器。

无酶电化学葡萄糖传感器由于无须以葡萄糖酶为催化剂,因此可以有效避免葡萄糖酶电化学传感器的缺点。可用作无酶电化学葡萄糖传感器的敏感材料大致可分为三类:一是贵金属,以贵金属为敏感材料的无酶电化学葡萄糖传感器灵敏度高,但是也存在着贵金属特有的缺点,易失活且价格高;二是其他金属,这类材料具有类似贵金属的催化能力及良好的导电性,又可避免贵金属的高成本,但不稳定;三是其他金属氧化物及氢氧化物,这类材料的催化机理和其相应金属类似,但更加稳定,该类材料的主要缺点是导电性差造成传感器灵敏度低。由于各类材料都有各自的优点和缺点,因此复合材料逐渐引起人们的关注。

关于借助复合材料协同作用获得高性能电化学葡萄糖传感器的研究有大量报道,如氧化铜与石墨烯复合、氧化铜与氧化镍复合、氧化锰与多壁碳纳米管复合等。Ni 基材料在碱性环境中具有明显的氧化还原峰,主要是 Ni^{2+} 和 Ni^{3+} 之间的相互转换,是较理想的葡萄糖催化材料。有学者报道了一种基于氧化镍纳米空心球修饰 GCE 构建的无酶电化学葡萄糖传感器,其传感性能极好,灵敏度为 $2.39 \text{ mA} \cdot \text{cm}^{-2}/(\text{mmol} \cdot \text{L}^{-1})$,线性范围为 $1.67 \sim 6.87 \text{ mmol/L}$。有学者报道了一种基于 $\beta\text{-Ni(OH)}_2$ 修饰 GCE 构建的无酶电化学葡萄糖传感器,灵敏度为 $60.51 \text{ }\mu\text{A}/(\text{mmol} \cdot \text{L}^{-1})$。Mn 系材料来源广泛、价格低廉、无毒等,在葡萄糖催化中具有潜在的应用价值。有学者报道了一种基于 Mn_3O_4 NPs/N-GR 复合材料修饰碳糊电极构建的无酶电化学葡萄糖传感器,该传感器的线性范围及检测限较好,尤其在实际检测血清样本时准确性较高。

笔者受到以上观点启发,用溶剂热法制备了一种形貌均匀的具有微球结构的多组分 Ni-Mn 氧化物,借助 Ni 与 Mn 之间的协同作用改善无酶电化学葡萄糖传感器的传感性能,用 SEM、TEM 及 XRD 等分析手段进行结构及组成表征,将多组分 Ni-Mn 氧化物用作无酶电化学葡萄糖传感器的敏感材料,通过对 GCE 修饰改性构建无酶电化学葡萄糖传感器,通过循环伏安法及计时安培法对催化性能进行研究。

3.2 实验部分

3.2.1 实验仪器、试剂和药品

本章研究使用的仪器如下。

电化学工作站、SEM、TEM、XRD 仪、分析天平、磁力搅拌器、超声清洗机、鼓风干燥箱、离心机和马弗炉。

本章研究使用的试剂及药品如下。

四水合醋酸锰 [$Mn(Ac)_2 \cdot 4H_2O$]、碳酸铵 [$(NH_4)_2CO_3$]、氢氧化钠 (NaOH)、葡萄糖 ($C_6H_{12}O_6$)、四水合醋酸镍 [$Ni(Ac)_2 \cdot 4H_2O$]、乙醇 (C_2H_5OH)、Nafion 溶液、乙二醇 [$(CH_2OH)_2$]、抗坏血酸 ($C_6H_8O_6$)、尿酸 ($C_5H_4N_4O_3$),实验中所用的去离子水为实验室自制的。

3.2.2 多组分 Ni-Mn 氧化物的制备

笔者通过溶剂热法制备了多组分 Ni-Mn 氧化物,具体过程如下。0.49 g $Mn(Ac)_2 \cdot 4H_2O$ 和 0.25 g $Ni(Ac)_2 \cdot 4H_2O$ 通过超声处理、搅拌等方法完全溶解于 35 mL ($CH_2OH)_2$ 溶液中,然后加入 1.92 g ($NH_4)_2CO_3$,几分钟的超声处理后,将已经均匀的溶液倒进 50 mL 高压釜中,密封后置于鼓风干燥箱中 200 ℃反应 15 h,自然冷却至室温后,产物经过离心处理,再用 C_2H_5OH 洗涤离心 3 次,最后置于 70 ℃干燥箱中干燥 12 h。干燥好的产物在马弗炉 600 ℃空气 (以每分钟 2 ℃加热)中退火处理 4 h,即得到多组分 Ni-Mn 氧化物。

3.2.3 修饰电极的制备

修饰电极通过滴涂法进行改性。在修饰改性之前,用 0.30 μm 及 0.05 μm

的 Al_2O_3 浆液对 GCE（3 mm）进行抛光处理，用去离子水冲洗，然后交替地在 C_2H_5OH 和去离子水中超声处理 20 s 左右，置于大气中室温下自然干燥。取 5 mg 制备好的多组分 Ni-Mn 氧化物置于 5 mL 去离子水中，超声分散 1 h 左右，取 8 μL 上述悬浮液滴于处理好的 GCE 表面，在大气中室温下干燥 24 h。待干燥好后取 8 μL Nafion 溶液（溶剂为 C_2H_5OH，质量分数为 0.1%）滴于修饰电极表面，置于大气中干燥，该修饰电极记作 Nafion/Mn-Ni-oxide/GCE。

3.2.4　表征与测试

多组分 Ni-Mn 氧化物的物相及结构通过 XRD 在 40 kV 和 30 mA 条件下进行表征。多组分 Ni-Mn 氧化物的形貌及微结构通过 SEM 和 TEM 共同表征。电化学测试在电化学工作站上进行，采用三电极测试系统，以修饰电极为工作电极、饱和甘汞电极（SCE）为参比电极、铂丝电极为对电极，以 1 mol/L NaOH 为电解液，所有的测试都是在室温大气氛围中进行的，每次测试前将修饰电极在去离子水中浸泡 1 h 使电极在测试前得到一定活化。

3.3　结果与讨论

3.3.1　多组分 Ni-Mn 氧化物的表征

如图 3-1（a）所示：实验制备的多组分 Ni-Mn 氧化物的组成比较复杂，呈现的衍射峰对应于 Mn_2O_3（JCPDS card No. 41-1442）、NiO（JCPDS card No. 44-1459）和 $NiMnO_3$（JCPDS card No. 48-1330），即实验制备的材料是 Mn_2O_3、NiO 及 $NiMnO_3$ 的混合物。如图 3-1（b）所示，前驱物呈现非常均匀分布的微球结构形态，微球的直径为 1 μm 左右且表面相对光滑。如图 3-1（c）（d）所示，退火处理后的材料仍然呈现均匀分布的微球结构形态，只是直径减小了，为 550 nm 左右，表面不光滑，是由小颗粒堆积起来的。

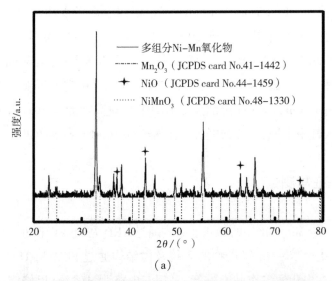

（a）

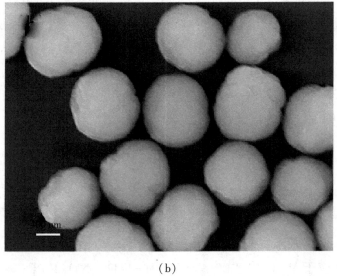

（b）

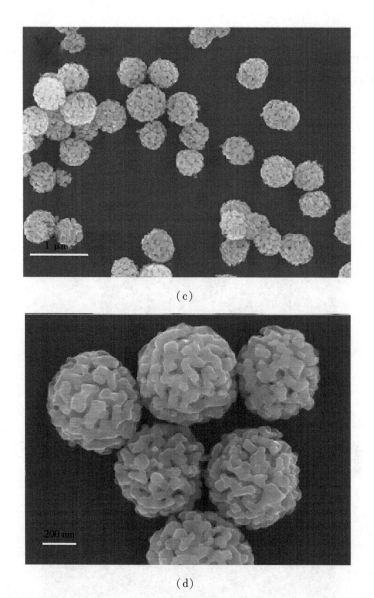

图 3-1 实验制备的多组分 Ni-Mn 氧化物的 XRD 图谱(a),未经退火处理的前驱物的
SEM 图片(b),实验制备的多组分 Ni-Mn 氧化物在不同倍率下的 SEM 图片(c)(d)

实验制备的多组分 Ni-Mn 氧化物进一步的形貌及微结构表征通过 TEM 完成。如图 3-2(a)(b)所示,实验制备的多组分 Ni-Mn 氧化物呈现均匀分布的微球结构,微球的直径为 550 nm 左右,微球表面不是光滑的,是一颗一颗的样子,该结果和 SEM 的表征结果相吻合。如图 3-2(c)所示,实验制备的多组分

Ni–Mn 氧化物有明显的晶格条纹,经计算,晶格间距为 0.384 nm,对应于 Mn_2O_3（JCPDS card No. 41–1442）的(211)晶面。图 3–2(d)的选区电子衍射图揭示了实验制备的多组分 Ni–Mn 氧化物有多晶的特点。

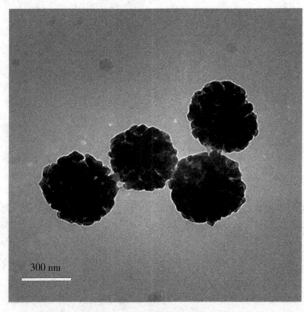

300 nm

(a)

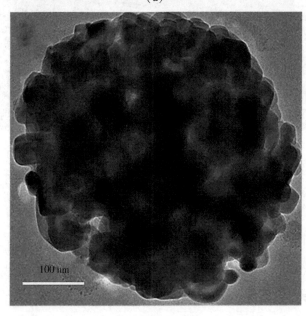

100 nm

(b)

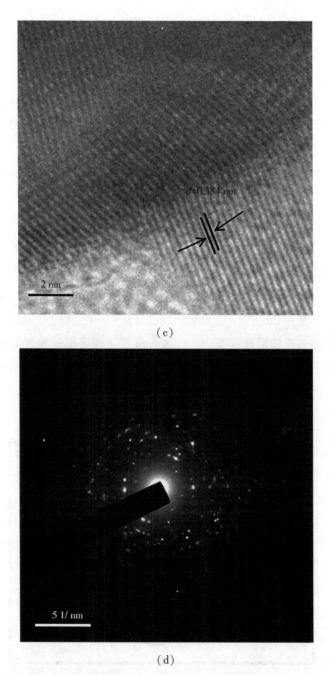

图 3-2　退火处理后的多组分 Ni-Mn 氧化物在不同倍率下的 TEM 图片(a)(b),
高分辨透射电子显微镜图片(c),选区电子衍射图(d)

3.3.2　多组分 Ni-Mn 氧化物的葡萄糖催化性能研究

多组分 Ni-Mn 氧化物的电化学测试主要是通过循环伏安法及计时安培法完成的。Nafion/Mn-Ni-oxide/GCE 对葡萄糖敏感性的循环伏安测试是在包含不同葡萄糖浓度的 1 mol/L NaOH 溶液中进行的,测试电压范围为 0.1~0.5 V,扫描速度为 20 mV/s,如图 3-3(a)所示,当葡萄糖浓度由 0 mol/L 增加到 1 mol/L 时,修饰电极 Nafion/Mn-Ni-oxide/GCE 的循环伏安曲线中的阳极电流密度增大较明显,表明该多组分 Ni-Mn 氧化物修饰电极对葡萄糖的氧化反应有着明显的催化性能。扫描速度对电化学性能有着很大影响,因此笔者接着对循环伏安法中的扫描速度的影响进行了测试,该测试以浓度为 1 mol/L 的 NaOH 溶液为电解液,在测试电压范围为 0.1~0.5 V、不同扫描速度下进行。如图 3-3(b)所示,当扫描速度由 20 mV/s 逐步增大到 200 mV/s 时,无论是氧化峰还是还原峰,电流密度都呈现较明显的变化。以氧化峰或还原峰电流密度对相应的扫描速度作图,如图 3-3(c)所示,电流密度与相应扫描速度之间存在着良好的线性相关性,表明该催化过程是表面控制的。

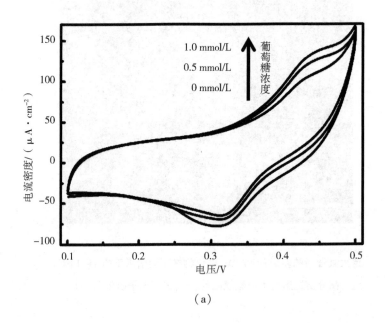

（a）

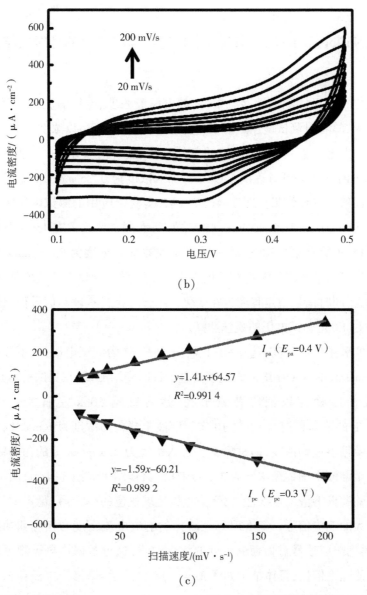

（b）

（c）

图 3-3 修饰电极 Nafion/Mn-Ni-oxide/GCE 在包含不同葡萄糖浓度（0 mmol/L、
0.5 mmol/L、1.0 mmol/L）的 1 mol/L NaOH 溶液中的循环伏安曲线（a），
在 1 mol/L NaOH 溶液中对应不同扫描速度下的循环伏安曲线（b），
电流密度与扫描速度的线性相关性（c）

3.3.3 Nafion/Mn-Ni-oxide/GCE 对葡萄糖催化的计时安培测试

影响修饰电极性能的因素有很多,如电解液浓度、电压等。为了获得最佳的催化性能,笔者对测试电压进行了研究。具体做法如下:以浓度为 1 mol/L 的 NaOH 溶液为电解液,在不停搅拌的条件下,通过计时安培法,记录不同电压(vs SCE)下的修饰电极对逐次(共 4 次)加入浓度为 0.25 mmol/L 的葡萄糖溶液的响应曲线。具体结果如图 3-4(a)所示,实验中应用的测试电压①②③④分别为 0.30 V、0.35 V、0.40 V、0.45 V,在每次测试前都留有 150 s 的时间等待曲线平稳,消除背景干扰,然后每隔 25 s 左右加入浓度为 0.25 mmol/L 的葡萄糖溶液直至溶液中最终葡萄糖浓度为 1 mol/L,随着测试电压的增加,响应信号不断增大,同时信号稳定程度也在变化。综合考虑灵敏度和信号稳定程度,+0.4 V(vs SCE)是测试电压的最佳选择。

优化实验条件后,笔者选择+0.4 V(vs SCE)作为测试电压,以不停搅拌的浓度为 1 mol/L 的 NaOH 溶液为电解液进行计时安培测试,在测试前留有 200 s 的时间使曲线稳定以消除背景干扰,然后每隔 50 s 左右加入浓度为 0.1 mmol/L 的葡萄糖溶液,重复 10 次至溶液中葡萄糖浓度为 1 mol/L,然后改变加入葡萄糖溶液的浓度,即每隔 50 s 加入浓度为 0.5 mmol/L 的葡萄糖溶液,重复 7 次至溶液中葡萄糖浓度为 4.5 mol/L。具体结果如图 3-4(b)所示,随着不同浓度葡萄糖溶液的逐次注入,修饰电极呈现快速的(<3 s)、稳定的、类似阶梯式并增大的响应信号。笔者对每个阶梯的响应电流密度与相应葡萄糖浓度作图,可得到响应信号对葡萄糖浓度的线性曲线,这也是修饰电极测定未知葡萄糖浓度的理论依据,具体结果如图 3-4(c)(d)所示:该修饰电极存在 2 个线性范围,当葡萄糖浓度由 0.1 mmol/L 变化到 1.0 mmol/L 时,对应的方程为 $y = 82.44x + 27.64$,其中 $R^2 = 0.991\ 5$,即此范围内灵敏度为 82.44 $\mu A \cdot cm^{-2}/(mmol \cdot L^{-1})$;当葡萄糖浓度由 1.0 mmol/L 变化到 4.5 mmol/L 时,对应的方程为 $y = 27.92x + 85.06$,其中 $R^2 = 0.989\ 1$,即此范围内灵敏度为 27.92 $\mu A \cdot cm^{-2}/(mmol \cdot L^{-1})$。当信号与噪声的比值为 3 时,该修饰电极的检出限为 0.2 $\mu mol/L$。

与某些已报道的以 Ni 基或 Mn 系材料为敏感材料的电化学葡萄糖传感器相比,笔者制备的传感器呈现更优的催化性能(如更高的灵敏度,更宽的线性范围及更低的检出限),如表 3-1 所示。

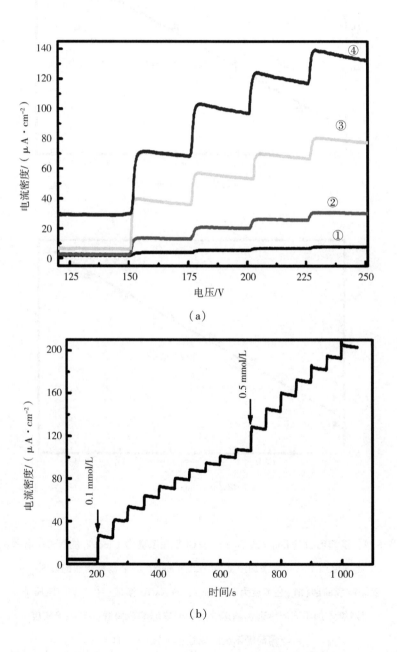

(a)

(b)

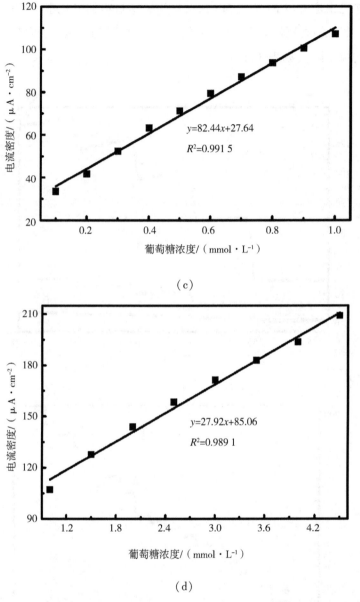

（c）

（d）

图 3-4　修饰电极 Nafion/Mn-Ni-oxide/GCE 在浓度为 1 mol/L 的 NaOH 溶液、

不同电压下对连续添加浓度为 0.25 mmol/L 的葡萄糖溶液的计时

安培响应曲线（a），在浓度为 1.0 mol/L 的 NaOH 溶液、+0.4 V 的电压下

对连续添加不同浓度葡萄糖溶液的计时安培响应曲线（b），电流密度

与葡萄糖浓度的线性相关性（c）（d）

表 3-1 笔者构建的电化学葡萄糖传感器与其他已报道的电化学葡萄糖
传感器的催化性能比较

材料		检出限/ $(\mu mol \cdot L^{-1})$	线性范围/ $(mmol \cdot L^{-1})$	灵敏度	来源
多组分 Ni-Mn 氧化物		0.20	0.1~1.0	82.44 $\mu A \cdot cm^{-2}/(mmol \cdot L^{-1})$	当前 工作
			1.0~4.5	27.92 $\mu A \cdot cm^{-2}/(mmol \cdot L^{-1})$	
NiO 空心纳米球		47.00	1.5~7.0	3.43 $\mu A/(mmol \cdot L^{-1})$	前人 研究
5%NiO@Ag 复合 纳米线		1.01	0.02~1.28	67.51 $\mu A \cdot cm^{-2}/(mmol \cdot L^{-1})$	前人 研究
NiO-Au 复合纳米管	0.2 V	0.65	0.02~2.79	23.88 $\mu A \cdot cm^{-2}/(mmol \cdot L^{-1})$	前人 研究
	0.6 V	1.36	0.02~4.55	48.35 $\mu A \cdot cm^{-2}/(mmol \cdot L^{-1})$	
GOD-MnO$_2$ 结构		0.18	0.0009~ 2.7300	24.20 $\mu A \cdot cm^{-2}/(mmol \cdot L^{-1})$	前人 研究
PtAu-MnO$_2$ 结构		20.00	0.1~30.0	58.54 $\mu A \cdot cm^{-2}/(mmol \cdot L^{-1})$	前人 研究

3.3.4 Nafion/Mn-Ni-oxide/GCE 的抗干扰性研究

抗干扰性是评价电化学葡萄糖传感器性能的重要指标之一,是评价是否具备实用性的前提。在实际测试中,血清样本中的抗坏血酸(AA)、尿酸(UA)、氯离子会对葡萄糖浓度检测产生干扰。在本章研究中,抗干扰性研究是通过计时安培法完成的,具体过程如下:以+0.4 V(vs SCE)为测试电压,以不停搅拌的浓度为 1 mol/L 的 NaOH 溶液为电解液,在测试前留有 150 s 左右的时间消除背景干扰使曲线较平缓,加入浓度为 1 mmol/L 的葡萄糖溶液,100 s 左右后每隔 50 s 左右分别加入 0.10 mmol/L 抗坏血酸溶液、0.01 mmol/L 尿酸溶液及 0.10 mmol/L 氯化钠溶液,然后再重复加入一次,最后加入 1 mmol/L 葡萄糖溶液至结束,结果如图 3-5 所示。与修饰电极对葡萄糖良好的电催化响应信号相比,其他分析物质的干扰信号是可以忽略不计的,这也证实了该修饰电极的抗干扰性,为进一步的实用性验证奠定基础。

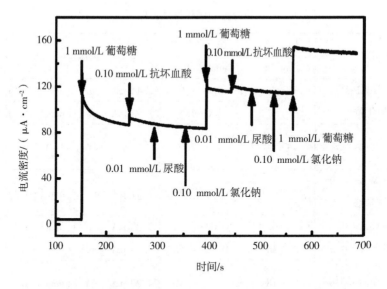

图 3-5　修饰电极 Nafion/Mn-Ni-oxide/GCE 在+0.4 V 下对不同浓度

不同分析物质的计时安培响应曲线

3.3.5　Nafion/Mn-Ni-oxide/GCE 的重现性和稳定性研究

　　笔者对重现性进行了评估,制备了 4 根修饰电极,对其在+0.4 V 的测试电压、不停搅拌的 1 mol/L NaOH 溶液中进行计时安培测试,主要测试对 1 mmol/L 葡萄糖溶液的响应电流,经计算,这 4 根修饰电极的测试结果的标准偏差为 4.5%,说明笔者构建的无酶电化学葡萄糖传感器具有较高的重现性。

　　稳定性是评价电极的关键性指标,直接影响传感器的实用性,因此,笔者对稳定性进行了相应的测试,具体过程如下。笔者对较长段时间内响应信号的稳定性进行了测试,做法如下:在+0.4 V 的测试电压、不停搅拌的 1 mol/L NaOH 溶液中进行计时安培测试,加入葡萄糖溶液前留 200 s 来消除干扰,然后加入 0.5 mmol/L 葡萄糖溶液,测试时间为 2 000 s,结果如图 3-6(a)所示,在这 2 000 s 的时间内,响应信号几乎没有衰减,说明修饰电极的稳定性较好。笔者接着对修饰电极的长时间储存后性能的稳定情况进行研究,具体做法如下:修饰电极平时就直接储存在室温环境中,没有经过特殊保管,隔几天对修饰电极

在 +0.4 V 的测试电压、不停搅拌的 1 mol/L NaOH 溶液中进行计时安培测试，测试对 1 mmol/L 葡萄糖溶液的响应情况，将记录的响应信号和初始（即第一天）信号比较，以此来判断修饰电极的稳定性，结果如图 3-6(b) 所示。在 30 d 的时间内，虽然不是每次测试结果完全吻合，但是响应信号的衰减几乎可以忽略，30 d 后最终的响应信号占初始信号的 95%，充分证实了笔者构建的无酶电化学葡萄糖传感器的稳定性极佳。

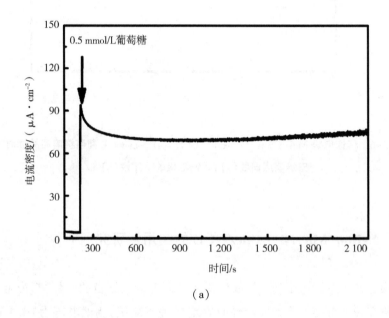

（a）

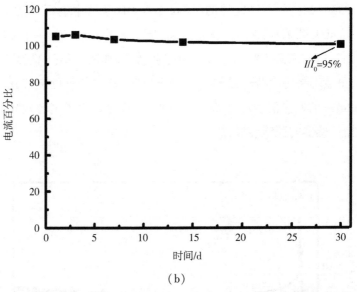

（b）

图 3-6　修饰电极 Nafion/Mn-Ni-oxide /GCE 对 0.5 mmol/L 葡萄糖溶液的计时
安培响应曲线(a),修饰电极的稳定性(b)

3.3.6　Nafion/Mn-Ni-oxide/GCE 的实用性研究

　　将构建的传感器运用到实际检测中才是研究的最终目的,因此修饰电极的实用性研究较为重要。笔者采用计时安培法进行测试,测试电压为+0.4 V,以不停搅拌的 1 mol/L NaOH 溶液为电解液,考虑到电极的线性范围较小、对样本有一定稀释作用,例如,我们用的电解液为 30 mL, 而加入的样本体积为 1 000 μL,这样相当于对样本稀释了 30 倍,导致响应信号较小、精确性较低,所以在测试开始一段时间后先加入 0.3 mmol/L 葡萄糖溶液,然后间隔一段时间加入血清样本 1、血清样本 2(实验中用的是来自某医院新鲜的血清样本),最后加入 0.3 mmol/L 葡萄糖溶液,将曲线记录下来分析,将每个样本对应的响应电流密度代入图 3-4(c)的线性曲线中并计算相应的葡萄糖浓度。为保证数据的可靠性,此实验进行了 3 次。取平均值与医院测试结果进行比较,具体比较结果如表 3-2 所示。笔者构建的无酶电化学葡萄糖传感器精确性较高、准确性较优异,因此实用性较好。

表 3-2　笔者构建的无酶电化学葡萄糖传感器的测试结果与医院测试结果比较

样本编号	医院测试结果/$(mmol \cdot L^{-1})$	当前传感器检测结果/$(mmol \cdot L^{-1})$	精确性($n = 3$)	偏差/$(mmol \cdot L^{-1})$	准确性/%
1	9.40	9.14	5.8	-0.26	97.23
2	4.31	4.46	7.9	0.15	103.48

3.4　小结

在本章中,笔者考虑利用复合材料协同作用来增强敏感材料的催化性能。考虑到 Ni 基材料高效的葡萄糖催化性能及 Mn 系材料特有的优势,笔者用溶剂热法结合退火处理制备了形貌均匀的具有微球结构的多组分 Ni-Mn 氧化物,并将其用作敏感材料构建了无酶电化学葡萄糖传感器。与已报道的基于 Ni 基及 Mn 系为敏感材料的传感器相比,笔者构建的无酶电化学葡萄糖传感器对葡萄糖氧化反应呈现较优异的催化性能,包括更快的响应时间、更宽的线性范围、更低的检出限及更高的灵敏度。笔者构建的无酶电化学葡萄糖传感器对其他分析物质的干扰信号可以忽略,对葡萄糖的选择性极佳。在血清样本测试中得到的高精确性及高准确性的结果有力地证实了笔者构建的无酶电化学葡萄糖传感器的实用性,这些实验结果可以归因于多组分 Ni-Mn 氧化物之间的协同效应。笔者的研究结果也佐证了复合材料各组分之间的协同作用确实有利于提高性能,多组分 Ni-Mn 氧化物作为无酶电化学葡萄糖传感器敏感材料具有潜在应用意义。

第四章 基于 $NiMoO_4$ 纳米棒修饰的无酶电化学葡萄糖传感器的性能研究

4.1　引言

尽管无酶电化学葡萄糖传感器可以避免葡萄糖酶电化学传感器的一些缺点并呈现出较优异的稳定性及重现性,但是无酶电化学葡萄糖传感器敏感材料本身的特点使其在葡萄糖浓度检测中遇到了各种各样的问题,例如:贵金属材料导电性好并可以使传感器的灵敏度高,但存在本身成本高且容易 Cl⁻ 中毒失活的缺点;其他金属具有类似贵金属良好的导电性又可以避免高成本,但是本身易氧化进而造成传感器的稳定性差;其他金属氧化物及氢氧化物较其相应金属稳定性好,但是导电性差造成传感器的灵敏度低;等等。无酶电化学葡萄糖传感器敏感材料的缺点大大限制了进一步的应用,因此结合各类材料优势同时避免缺点制备复合材料成为了研究热点。

复合材料由于各组分之间的协同作用,会呈现出优于单一材料的综合性能。有学者报道了一种基于 Pd 纳米颗粒与石墨烯复合结构修饰的无酶电化学葡萄糖传感器,石墨烯包裹 Pd 纳米颗粒有效避免了 Pd 易中毒失活的缺点,进而使传感器的性能得到了大幅度的提高。有学者报道了一种基于单壁碳纳米管与 CuO 复合结构修饰的无酶电化学葡萄糖传感器,受益于单壁碳纳米管良好的导电性能及 CuO 的高葡萄糖催化性能,该复合材料修饰电极的催化性能良好。有学者报道了一种基于 NiO-Pt 复合纳米纤维修饰的无酶电化学葡萄糖传感器,NiO 的存在可以避免 Pt 直接暴露于溶液中, 进而可防止 Cl⁻ 中毒;Pt 的存在增加了复合材料的导电性,提高了电子传输能力,两者之间的协同作用增强了复合材料的葡萄糖催化性能。有学者报道了一种基于 Ni 纳米颗粒与 TiO$_2$ 纳米管阵列复合结构修饰的无酶电化学葡萄糖传感器,Ni 纳米颗粒均匀分布在 TiO$_2$ 纳米管阵列上有利于提高稳定性并增加电化学活性面积,这种复合结构的高导电能力及管阵列有利的传输路径都有助于促进电子传输进而提高传感性能。关于以 Ni-Ag、CuO-Ag、ZnO-Au、CuO-Pt、Ni(OH)$_2$-Au 等为敏感材料的研究有大量报道。从这些报道中不难看出,一些基于导电性好的其他金属或碳材料制备复合材料构建的无酶电化学葡萄糖传感器稳定性和催化性能较差,因此无酶电化学葡萄糖传感器大多利用高导电性的贵金属与高稳定性的金属氧化物复合来增强敏感材料的催化性能,这些报道证实了贵金属与氧化物修饰电极的重要意义,但是在实际应用中成本也是要考虑的因素,贵金属的高成本限制了其进一步的应用,所以一种同时具备类似贵金属的高导电性、类似其他金属的低成本及高导电性、类似金属氧化物的高稳定性、对葡萄糖有高效催化能力的目标材料将是无酶电化学葡萄糖传感器理想的敏感材料。

关于双金属氧化物之间协同作用增强材料电性能的报道越来越多。金属钼酸盐是双金属氧化物中重要的家族体系,成本低,环境友好,来源丰富,成为研究人员关注的重点。对于金属钼酸盐来说,Mo 的存在极大地提高了钼酸盐的导电能力,因此再选择合适的金属进行搭配会极大幅度地增加金属钼酸盐的目标性能。金属钼酸盐在催化材料、荧光材料、抗菌材料、传感器等方面具有潜在的应用前景。敏感材料性能不仅与材料本身性质有关,还与形貌尺寸等有关。金属钼酸盐的制备方法分为液相法和高温固相法。高温固相法制备的金属钼酸盐结晶性好,光学性能佳,能耗高,工艺复杂,制备材料的尺寸大且形状不规整。液相法因条件温和、操作简单等优势被认为是制备金属钼酸盐的主流方向。

$NiMoO_4$ 具有低成本、良好的化学稳定性等优势,因此是金属钼酸盐家族中研究较多的一员。前人关于 $NiMoO_4$ 在储能方面的研究有大量报道,但是关于其葡萄糖催化性能的研究鲜有报道。Ni 基材料的葡萄糖催化性能极佳,钼酸盐家族中 Mo 的存在又提高了材料的电导率,从这方面来看,$NiMoO_4$ 可以极大地满足我们对无酶电化学葡萄糖传感器中敏感材料的需求,即同时具有高活性、低成本、高导电性等特点,以 $NiMoO_4$ 为敏感材料将有助于改善传感性能。在本章中,笔者通过水热法结合退火处理制备了 $NiMoO_4$ 纳米棒状结构,对其进行了各种相应的表征测试,以 $NiMoO_4$ 为敏感材料构建了无酶电化学葡萄糖传感器,用循环伏安法及计时安培法对葡萄糖催化性能进行了研究。

4.2 实验部分

4.2.1 实验仪器、试剂和药品

本章研究使用的仪器如下。

分析天平、电化学工作站、SEM、TEM、XRD 仪、超声清洗机、鼓风干燥箱、离心机和马弗炉。

本章研究使用的试剂及药品如下。

七水合钼酸钠（Na$_2$MoO$_4$·7H$_2$O）、六水合硝酸镍［Ni（NO$_3$）$_2$.6H$_2$O］、Nafion 溶液、氢氧化钠（NaOH）、乙醇（C$_2$H$_5$OH）、葡萄糖（C$_6$H$_{12}$O$_6$）、抗坏血酸（C$_6$H$_8$O$_6$）和尿酸（C$_5$H$_4$N$_4$O$_3$），实验中所用的去离子水为实验室自制的。

4.2.2　NiMoO$_4$ 纳米棒的制备

NiMoO$_4$ 纳米棒是由水热法结合退火处理制备的，具体过程如下。0.33 g Na$_2$MoO$_4$·7H$_2$O 和 0.29 g Ni（NO$_3$）$_2$·6H$_2$O 加入到 30 mL 的 C$_2$H$_5$OH 与去离子水的混合溶液中（$V_{C_2H_5OH}$: V_{H_2O} = 1 : 1），强烈地超声处理后将混合均匀的溶液转移到 50 mL 反应釜中，密封后置于鼓风干燥箱中 140 ℃反应 12 h。自然冷却到室温后用离心机离心处理，再分别用去离子水和 C$_2$H$_5$OH 各自离心洗涤 2 次，置于 65 ℃干燥箱里干燥 12 h 后，将干燥好的前驱物在马弗炉 500 ℃空气（以每分钟 2 ℃加热）中热处理 4 h，即得到 NiMoO$_4$ 纳米棒。

4.2.3　修饰电极的制备

在修饰改性之前，用 0.05 μm 的 Al$_2$O$_3$ 浆液对 GCE（3 mm）进行抛光处理，用去离子水冲洗，然后交替地在 C$_2$H$_5$OH 和去离子水中超声处理 20 s 左右，置于大气中室温下干燥备用。取 1 mg 制备好的 NiMoO$_4$ 纳米棒置于 1 mL 去离子水中，超声处理 1 h 左右，取 8 μL 上述悬浮液滴在备用的干净的 GCE 表面，在大气中室温下干燥 24 h。待干燥好后取 8 μL Nafion 溶液（溶剂为 C$_2$H$_5$OH，质量分数为 0.1%）滴在 NiMoO$_4$ 纳米棒修饰改性过的 GCE 表面，该修饰电极记作 Nafion/NiMoO$_4$ NRs/GCE。类似过程制备的未经 NiMoO$_4$ 纳米棒修饰的电极记作 Nafion/GCE，在电化学测试中作为参照电极。

4.2.4　表征与测试

NiMoO$_4$ 纳米棒的物相及结构通过 XRD 在 40 kV 和 30 mA 条件下进行表

征。$NiMoO_4$ 纳米棒的形貌及微结构通过 SEM 和 TEM 共同表征。电化学测试在电化学工作站上进行,采用三电极测试系统,以修饰电极为工作电极、SCE 为参比电极、铂丝电极为对电极,以不同浓度的 NaOH 溶液为电解液,所有的测试都是在室温大气氛围中进行的,每次测试前将修饰电极在去离子水中浸泡 1 h 使电极在测试前得到一定活化。

4.3 结果与讨论

4.3.1 $NiMoO_4$ 纳米棒的表征

如图 4-1 所示,实验制备的 $NiMoO_4$ 纳米棒的大部分衍射峰对应于单斜晶系结构的 $NiMoO_4$(JCPDS card No.45-0142),剩余的衍射峰对应于单斜晶系结构的 $NiMoO_4$(JCPDS card No.33-0948)。材料的特征衍射峰 $2\theta = 26.6°$ 是 β-$NiMoO_4$ 的特征峰;$2\theta = 25.4°$、$28.8°$、$32.7°$、$43.9°$、$47.4°$ 是属于 α-$NiMoO_4$ 的,这就意味着实验制备的 $NiMoO_4$ 纳米棒兼具 β-$NiMoO_4$ 和 α-$NiMoO_4$ 的特点。根据前人研究结果可以解释这种现象出现的原因,β-$NiMoO_4$ 这种相在室温下是不稳定的,在降温的过程中,一些 β-$NiMoO_4$ 转变为 α-$NiMoO_4$。

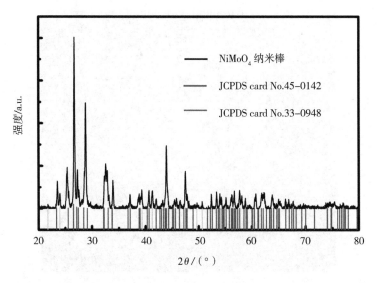

图 4-1　实验制备的 NiMoO$_4$ 纳米棒的 XRD 图谱

实验制备的 NiMoO$_4$ 纳米棒的形貌及微结构表征是通过 SEM 和 TEM 完成的。笔者先将 NiMoO$_4$ 纳米棒粉末用 C$_2$H$_5$OH 稀释,然后滴到硅片上再经过干燥处理制备 SEM 样品,在 15 kV 电压下观测。笔者将 C$_2$H$_5$OH 稀释过的 NiMoO$_4$ 纳米棒滴在铜网上,然后经过干燥处理制备 TEM 样品,在 200 kV 电压下观测。如图 4-2(a)(b)所示,实验制备的 NiMoO$_4$ 呈现长短不均的纳米棒状结构,每个纳米棒的直径大概为 80 nm,最短的大概为 300 nm,最长的大概为 1 μm。如图 4-2(c)所示,实验制备的 NiMoO$_4$ 纳米棒有明显的晶格条纹,经计算,晶格间距为 0.27 nm,对应于 NiMoO$_4$ 的(112)晶面。实验制备的 NiMoO$_4$ 纳米棒的组成通过 TEM 配备的 EDS 进行表征,如图 4-2(d)所示,图谱上存在明显的 Ni、Mo、O 的峰,表明实验制备的样品主要由 Ni、Mo、O 三种元素组成。

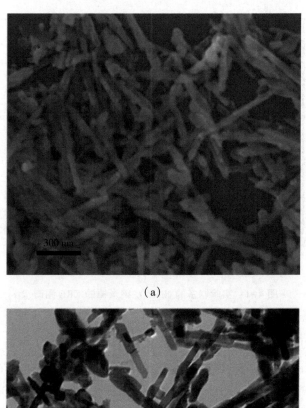

(a)

(b)

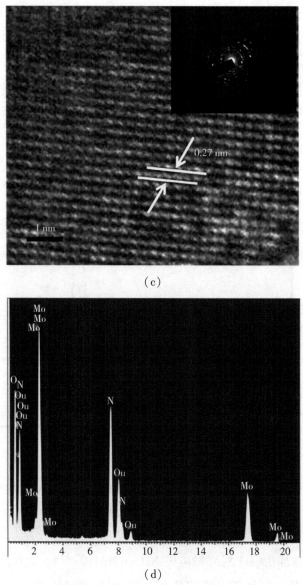

图 4-2　实验制备的 NiMoO₄ 纳米棒的 SEM 图片(a),TEM 图片(b),

高分辨透射电子显微镜图片(c), EDS 图谱(d)

注:(c)中右上角图片为选区电子衍射图。

4.3.2　Nafion/NiMoO₄ NRs/GCE 的葡萄糖催化性能研究

在研究修饰电极对葡萄糖催化性能之前,笔者先研究了修饰电极及参照电极在碱性溶液中的循环伏安响应。循环伏安测试是在 1.2 mol/L NaOH 溶液中,扫描速度为 50 mV/s,测试电压为 0~0.7 V。如图 4-3 所示:修饰电极 Nafion/NiMoO$_4$ NRs/GCE 的循环伏安曲线中呈现出一对明显的氧化还原峰,这对氧化还原峰对应在碱性环境中所形成的 Ni(Ⅱ)/Ni(Ⅲ) 的氧化还原电对;参照电极 Nafion/GCE 没有任何氧化还原峰出现,表明参照电极 Nafion/GCE 的背景影响可忽略。

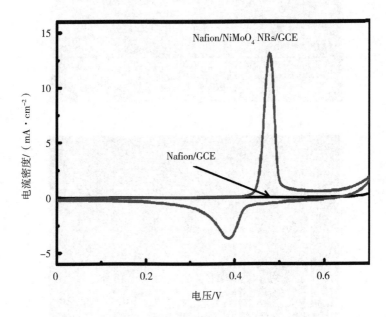

图 4-3　修饰电极 Nafion/NiMoO$_4$ NRs/GCE 及参照电极 Nafion/GCE 在 1.2 mol/L NaOH 溶液中的循环伏安曲线

笔者通过循环伏安法对修饰电极 Nafion/NiMoO$_4$ NRs/GCE 的葡萄糖催化性能进行了表征。循环伏安测试是在 1.2 mol/L NaOH 溶液中,扫描速度为 50 mV/s,测试电压为 0~0.7 V,如图 4-4 所示:对于参照电极 Nafion/GCE,无论有无葡萄糖存在,每条循环伏安曲线类似,且没有葡萄糖的电氧化信号出现,这意味着参照电极 Nafion/GCE 对葡萄糖氧化过程没有催化作用;对于修饰电极 Nafion/NiMoO$_4$ NRs/GCE,随着葡萄糖浓度增加,循环伏安曲线中的阳极峰电流密度明显增加,表明 NiMoO$_4$ 纳米棒对葡萄糖氧化过程具有明显的催化作用;随着葡萄糖浓度、阳极峰电流密度增加,峰电压轻微右移,即移向更正的电压方向,具体是由 0.478 V 变到 0.497 V,这种变化可能与催化产物葡萄糖酸内酯的出现造成溶液 pH 值变动有关。

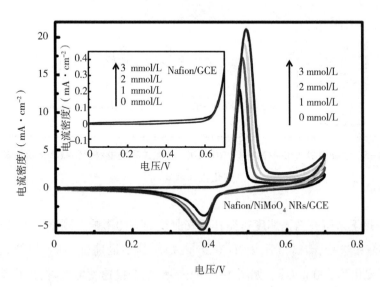

图 4-4　修饰电极 Nafion/NiMoO₄ NRs/GCE 在包含不同葡萄糖浓度

(0 mmol/L, 1 mmol/L, 2 mmol/L, 3 mmol/L)的 1.2 mol/L NaOH 溶液中的循环伏安曲线

注:左上角的小图是参照电极 Nafion/GCE 的循环伏安曲线

修饰电极 Nafion/NiMoO₄ NRs/GCE 在碱性环境中对葡萄糖氧化反应的催化机理示意如图 4-5 所示,主要利用碱性环境中 Ni(Ⅱ)/Ni(Ⅲ)的氧化还原电对之间的相互转换来实现催化作用。虽然在氧化还原转换过程中不涉及 Mo 的参加,但是 Mo 的存在提高了金属钼酸盐的导电能力和电子传输能力,进而增强了催化性能。

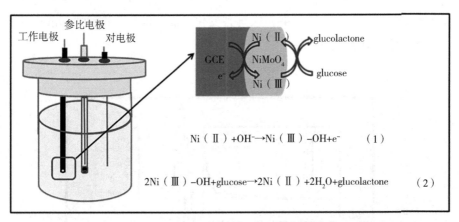

图4-5　修饰电极 Nafion/NiMoO$_4$ NRs/GCE 在碱性环境中对葡萄糖氧化反应的
催化机理示意

　　笔者接下来研究扫描速度对循环伏安曲线响应的影响。测试在 1.2 mol/L NaOH 溶液中进行,测试电压为 0～0.7 V,每次的扫描速度不同,扫描速度由 40 mV/s 变化到 200 mV/s。如图 4-6(a)所示,当扫描速度增加时,阳极峰电流不断增大,阴极峰电流向更负的方向移动,峰电压的差值(ΔE_p)增加,这表明电荷转移动力学的局限性。如图 4-6(b)所示,当扫描速度由 40 mV/s 变化到 200 mV/s 时,阳极峰电流密度和阴极峰电流密度均与相应扫描速度平方根呈现良好的线性相关性,这意味着整个催化过程是个扩散控制的过程。

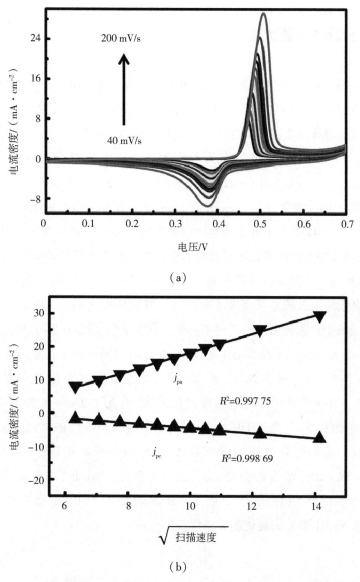

（a）

（b）

图 4-6 修饰电极 Nafion／NiMoO₄ NRs／GCE 在 1.2 mol/L NaOH 溶液中
不同扫描速度下的循环伏安曲线（a），峰电流密度与扫描速度平方根之间的
线性相关性（b）

4.3.3 实验条件的优化

由反应机理可知，OH⁻参与 Ni（Ⅱ）的氧化过程，OH⁻浓度对修饰电极 Nafion/NiMoO₄ NRs/GCE 的催化性能产生很大的影响。为了获得最佳的催化性能，笔者通过循环伏安法研究 NaOH 浓度对催化性能的影响，具体做法如下，测试电压为 0～0.7 V，扫描速度为 50 mV/s，NaOH 浓度分别为 0.2 mol/L、0.5 mol/L、0.8 mol/L、1.0 mol/L、1.2 mol/L、1.5 mol/L、2.0 mol/L，测试每个 NaOH 浓度下包含浓度为 0 mmol/L 或 1 mmol/L 葡萄糖溶液的循环伏安曲线，然后将每个 NaOH 浓度下有无葡萄糖两种情况下的阳极峰电流密度做差值，差值最大的对应的 NaOH 浓度即最佳电解液浓度。修饰电极 Nafion/NiMoO₄ NRs/GCE 在无葡萄糖溶液条件下的循环伏安曲线如图 4-7（a）所示，随着 NaOH 浓度增加，对应的阳极峰电流密度不断增加。修饰电极 Nafion/NiMoO₄ NRs/GCE 在含有 1 mmol/L 葡萄糖溶液条件下的循环伏安曲线如图 4-7（b）所示，变化趋势与图 4-7（a）相似，随着 NaOH 浓度增加，对应的阳极峰电流密度不断增加。如图 4-7（c）所示，随着 NaOH 浓度增加，峰电流密度差值先增大后减小，1.2 mol/L NaOH 溶液的峰电流密度差值最大，因此 1.2 mol/L 为最优反应浓度。可能原因如下：如果 NaOH 浓度过低，则不利于 Ni（Ⅱ）的氧化过程，即催化机理反应（1）会倾向向左进行，会降低 NiMoO₄ 纳米棒对葡萄糖氧化过程的催化性能；如果 NaOH 浓度过高，则会抑制 Ni（Ⅲ）向 Ni（Ⅱ）的转化过程，导致 NiMoO₄ 纳米棒的活性位点降低，进而影响葡萄糖的氧化过程。综上，1.2 mol/L NaOH 溶液为最优实验条件。

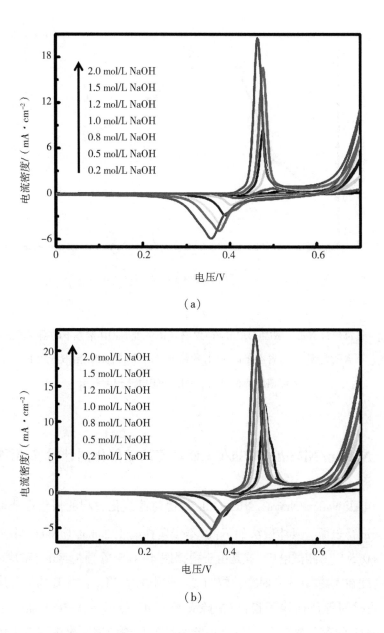

（a）

（b）

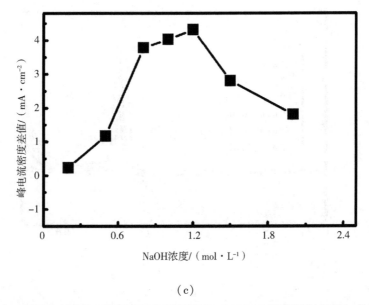

（c）

图 4-7　修饰电极 Nafion/NiMoO$_4$ NRs/GCE 在不同浓度 NaOH 溶液下的循环伏安曲线

注:(a)不含葡萄糖,(b)含有 1 mmol/L 葡萄糖,(c)不同 NaOH 溶液浓度下

有无葡萄糖两种情况下的阳极峰电流密度差值

4.3.4　Nafion/NiMoO$_4$ NRs/GCE 对葡萄糖催化的计时安培测试

　　修饰电极 Nafion/NiMoO$_4$ NRs/GCE 对葡萄糖氧化过程的催化性能通过计时安培法进行表征。具体做法如下:以不停搅拌的 1.2 mol/L NaOH 溶液为电解液,以+0.5 V 为测试电压(这是由于根据图 4-4,随着葡萄糖浓度的增加,阳极电流密度在大约+0.5 V 时变化较明显)。测试时,当未添加葡萄糖时应留有 1 000 s 的时间等待曲线平稳,以消除背景干扰,然后每隔 50 s 加入浓度为 0.05 mmol/L 的葡萄糖溶液,连续添加此浓度葡萄糖溶液 8 次至溶液中葡萄糖浓度为 0.4 mmol/L 为止,然后每隔 50 s 加入浓度为 0.1 mmol/L 的葡萄糖溶液,连续添加此浓度 6 次至溶液中葡萄糖浓度为 1.0 mmol/L 为止,然后每隔 50 s 加入浓度为 0.5 mmol/L 的葡萄糖溶液,连续添加此浓度 6 次至溶液中葡萄糖浓度为 4.0 mmol/L 为止,然后每隔 50 s 加入浓度为 1.0 mmol/L 的葡萄糖溶液至测试结束。如图 4-8(a)所示:无论加入多少浓度的葡萄糖溶液,响应信号

总是在 4 s 内达到相对稳定的状态;随着葡萄糖浓度的增加,修饰电极总体上呈现快速、稳定且阶梯式增长的响应模式;对于较低浓度的葡萄糖溶液,修饰电极的响应信号也较明显。笔者将每个阶梯的电流密度与相应的葡萄糖浓度作图,如图 4-8(b) 所示,两者之间线性相关性良好,对应的线性曲线方程为 $y = 0.389\,94x + 0.137\,89$,其中 $R^2 = 0.999\,6$。笔者构建的修饰电极对 $0.05 \sim 14.00$ mmol/L 葡萄糖溶液具有良好的响应性,灵敏度为 $389.94\ \mu A \cdot cm^{-2}$/$(mmol \cdot L^{-1})$,经计算,当信号与噪声的比值为 3 时,该修饰电极的检出限为 $0.36\ \mu mol/L$。

与某些已报道的用同种方法构建的以 Ni 基材料为敏感材料的无酶电化学葡萄糖传感器相比,笔者构建的 Nafion/NiMoO₄ NRs/GCE 有更优异的传感性能、更高的灵敏度、更低的检出限、更宽的线性范围,如表 4-1 所示。

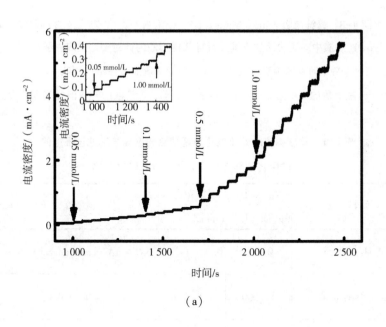

(a)

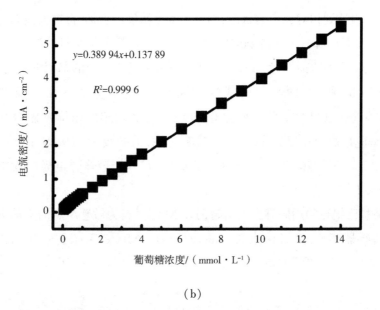

(b)

图 4-8   修饰电极 Nafion/NiMoO₄ NRs/GCE 在+0.5 V 电压、1.2 mol/L

NaOH 溶液中对逐次添加不同浓度葡萄糖溶液的计时安培响应曲线(a),

每个阶梯的电流密度与相应葡萄糖浓度的线性相关性(b)

注:(a)左上角的小图为 0.05~0.60 mmol/L 葡萄糖溶液的响应信号放大部分。

表 4-1   笔者构建的无酶电化学葡萄糖传感器与其他已报道的

无酶电化学葡萄糖传感器的催化性能对比

材料		检出限/ ($\mu mol \cdot L^{-1}$)	线性范围/ ($mmol \cdot L^{-1}$)	灵敏度	来源
NiMoO₄ 纳米棒		0.360	0.05~14.00	389.9 $\mu A \cdot cm^{-2}/(mmol \cdot L^{-1})$	当前 工作
NiO 空心纳米球		47.000	1.5~7.0	3.43 $\mu A/(mmol \cdot L^{-1})$	前人 研究
5%NiO@ Ag 复合纳米线		1.010	0.02~1.28	67.51 $\mu A \cdot cm^{-2}/(mmol \cdot L^{-1})$	前人 研究
NiO-Pt 复合纳米纤维		0.313	0.02~3.67	180.80 $\mu A \cdot cm^{-2}/(mmol \cdot L^{-1})$	前人 研究
NiO-Au 复合纳米管	0.2 V	0.650	0.02~2.79	23.88 $\mu A \cdot cm^{-2}/(mmol \cdot L^{-1})$	前人 研究
	0.6 V	1.360	0.02~4.55	48.35 $\mu A \cdot cm^{-2}/(mmol \cdot L^{-1})$	

续表

材料	检出限/ $(\mu mol \cdot L^{-1})$	线性范围/ $(mmol \cdot L^{-1})$	灵敏度	来源
NiO/多壁碳纳米管 复合结构	160.000	0.2~12.00	13.7 μA/$(mmol \cdot L^{-1})$	前人 研究

4.3.5 Nafion/NiMoO₄ NRs/GCE 的抗干扰性研究

由于敏感材料不具备类似酶的特异的专一性,因此无酶电化学葡萄糖传感器在测试过程中易受其他物质干扰,选择性差是限制无酶电化学葡萄糖传感器发展的因素之一,抗干扰性是评估无酶电化学葡萄糖传感器实用价值的重要因素。考虑到实际测量中易产生干扰的物质有抗坏血酸、尿酸及氯离子,因此本章中抗干扰实验也是根据这几种物质进行的,具体过程如下,以+0.5 V 为测试电压,以不停搅拌的浓度为 1.2 mol/L 的 NaOH 溶液为电解液,采用计时安培法对不同浓度、不同种类的分析物质进行测试,在测试前留有 500 s 左右的时间消除干扰,然后加入浓度为 0.5 mmol/L 的葡萄糖溶液,100 s 后再加入一次,然后每隔 100 s 分别加入 0.1 mmol/L 抗坏血酸、0.02 mmol/L 尿酸、0.1 mmol/L 氯化钠,100 s 后再加入 1 mmol/L 葡萄糖溶液,接着将三种干扰分析物质重复加入一次,最后加入 1 mmol/L 葡萄糖溶液结束测试。如图 4-9 所示,与修饰电极对葡萄糖良好的电催化响应信号相比,其他分析物质的干扰信号几乎是可以忽略不计的,这就意味着以 NiMoO₄ 纳米棒为敏感材料构建的无酶电化学葡萄糖传感器具有优异的抗干扰性。

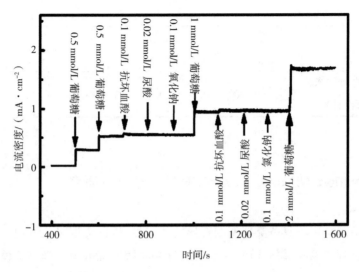

图4-9　修饰电极 Nafion/NiMoO$_4$ NRs/GCE 在+0.5 V 下对不同浓度
不同分析物质的计时安培响应曲线

4.3.6　Nafion/NiMoO$_4$ NRs/GCE 的重现性和稳定性研究

　　笔者对重现性进行了评估,制备了 5 根修饰电极,测试了其对浓度为
1 mmol/L 的葡萄糖溶液的响应电流,经计算,这 5 根修饰电极的测试结果的标
准偏差为 2.56%,考虑制备方法等因素,说明笔者构建的无酶电化学葡萄糖传
感器具有较高的重现性。

　　笔者对稳定性进行了测试,先考察了响应信号在较长段时间内是否具有稳
定性,即在 4.3.4 的实验基础上延长了实验时间,在测试对终浓度为 14 mmol/L
的葡萄糖溶液响应后不再添加任何分析物质,再进行测试 1 500 s,结果如图 4-
10(a)所示,在延长的 1 500 s 中响应信号无任何衰减,说明修饰电极的稳定性
良好。接着笔者对修饰电极在长时间储存后性能的稳定情况进行研究,具体做
法如下,修饰电极平时就直接储存在室温环境中,没有经过特殊保管,隔几天在
相同条件下进行计时安培测试,将响应信号和初始信号比较,具体结果见图 4-
10(b),在 20 d 的时间内响应信号变化衰减得不明显,甚至最后一天的响应信
号还占初始信号的 92%,这表明构建的无酶电化学葡萄糖传感器具有优异的稳
定性。

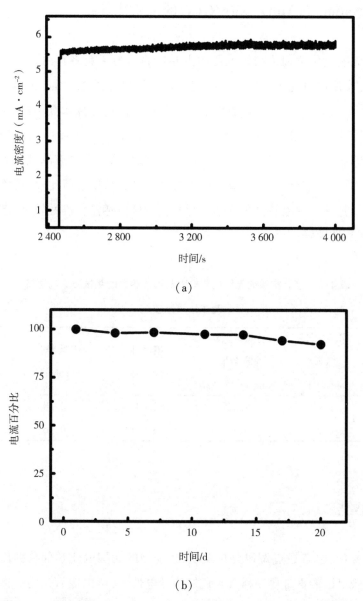

（a）

（b）

图 4-10 修饰电极 Nafion/NiMoO₄ NRs/GCE 对 14 mmol/L 葡萄糖溶液的
计时安培响应曲线（a）,修饰电极的稳定性（b）

4.3.7 Nafion/NiMoO₄ NRs/GCE 的实用性研究

研究无酶电化学葡萄糖传感器的主要目的是为了能将其用到实际的生活中来,因此实用性研究必不可少。测试是在不停搅拌的 1.2 mol/L NaOH 溶液中进行的,测试电压为+0.5 V,在测试开始一段时间后先加入 0.1 mmol/L 葡萄糖溶液,然后间隔一段时间加入血清样品 1、血清样品 2(实验中用的是来自某医院新鲜的血清样本),最后加入 0.1 mmol/L 葡萄糖溶液结束测试。为了数据的可靠性,此实验进行了 3 次,取平均值与医院测试结果进行比较,具体比较结果如表 4-2 所示。笔者构建的无酶电化学葡萄糖传感器精确性较高、准确性较优异,因此实性较好。

表 4-2　笔者构建的无酶电化学葡萄糖传感器的测试结果与医院
测试结果比较

样本编号	医院测试结果/ ($mmol \cdot L^{-1}$)	当前传感器检测结果/ ($mmol \cdot L^{-1}$)	精确性 ($n=3$)	偏差/ ($mmol \cdot L^{-1}$)	准确性/ %
1	9.40	9.68	2.04	0.28	102.98
2	6.22	6.38	3.96	0.16	102.57

4.4 小结

在本章中,笔者经过调研分析发现,较理想的无酶电化学葡萄糖传感器敏感材料应既可以像贵金属一样具有良好的导电性,又可以像氧化物一样具有优异的稳定性,还对葡萄糖具有较高的催化性能。Ni 基材料的葡萄糖催化性能极佳,钼酸盐家族中 Mo 的存在提高了材料的电导率,因此笔者选择 NiMoO₄ 作为敏感材料构建了无酶电化学葡萄糖传感器。笔者首先通过水热法结合退火处理制备 NiMoO₄ 纳米棒,并对其进行了相应的表征。当以制备的 NiMoO₄ 纳米棒为无酶电化学葡萄糖传感器的敏感材料时,笔者构建的传感器呈现出优于其他已报道用同方法制备的 Ni 基传感器的催化性能,具有更快的响应时间、更高的灵敏度、更宽的线性范围、更好的稳定性及重现性。笔者构建的传感器在进行血清样本检测时呈现出较高的准确性和精确性,因此实用性较好。这些实验结果可以归因于 NiMoO$_4$ 材料中各组分之间的协同作用。笔者的研究结果证实了钼酸盐家族各组分之间的协同作用对催化性能的增强,开启了 NiMoO$_4$ 材料在无酶电化学葡萄糖传感器中应用的新篇章。

第五章　基于碳纤维布生长 $NiCo_2O_4$ 纳米线阵列直接构建无酶电化学葡萄糖传感器的性能研究

5.1　引言

无酶电化学葡萄糖传感器虽然在某些方面会呈现优于酶修饰电极的特点，但是综合性能仍然无法满足某些检测工作的需求，因此如何全面改善无酶电化学葡萄糖传感器的综合性能是研究的重点与难点。无酶电化学葡萄糖传感器主要涉及两方面的作用：一是材料对葡萄糖的催化作用；二是材料与电极之间的电子传递作用。因此关于改善无酶电化学葡萄糖传感器的传感性能主要从这两方面入手。

近年来，关于复合金属氧化物的研究越来越多。复合金属氧化物不是几种氧化物混合而成的混合物，而是一种含有几种金属阳离子的多金属氧化物，是一种纯净物。复合金属氧化物由于具有不同价态的金属离子及各组分之间的协同作用，往往会呈现更优异的电学性能。$NiCo_2O_4$ 是复合金属氧化物中研究较多的一类材料，呈现尖晶石结构，其中金属镍离子占据八面体格位，金属钴离子同时分散在八面体和四面体两种格位上。据报道，与 NiO 及 CoO_x 的导电性能相比，受益于不同价态的 Ni 离子和 Co 离子的存在及它们之间的协同作用，$NiCo_2O_4$ 具有更优异的电导率，甚至高出 2 个数量级，因此关于 $NiCo_2O_4$ 在锂电子电池及超级电容器方面的电学性能的研究报道比较多。Ni 基或 Co 基材料在碱性环境中具有较高的葡萄糖催化性能。综合考虑，$NiCo_2O_4$ 拥有较高的电导率且价格低廉，将会成为较具潜力的无酶电化学葡萄糖传感器敏感材料。

改善材料与电极之间的电子传递作用主要是改善材料与电极之间的修饰方式，主要分为 2 种：一是滴涂法，即将敏感材料用一定的溶剂分散后滴在干净的基体上，当溶剂挥发后敏感材料就吸附在基体表面，这种方法简单易操作，几乎所有的敏感材料均可用滴涂法处理，但是材料与基体间作用较弱，有时需要引入其他物质来增强材料与电极之间的电子传递作用，这样也会影响材料的性能；二是将敏感材料直接生长在基体上，这种方法的敏感材料和基体之间的作用较强，减少了相应的接触电阻，有利于电子传递，但是并不是所有的敏感材料都可以成功地生长在基体上，适用范围较小。常用的基体生长的方法有水热法、电化学沉积法等，不同的方法有不同的特点，可以根据敏感材料的特点进行选择。基体材料主要有泡沫镍、ITO、CFC 等，在这些基体材料中，CFC 因具有高强度、高电导率、优异的抗腐蚀能力、良好的相容性等优势而引起研究者的关注。

关于基体生长 $NiCo_2O_4$ 纳米材料检测葡萄糖浓度的研究有大量报道。有学者用电化学沉积法在 ITO 基体上生长了 $NiCo_2O_4$ 纳米片层阵列，并以此直接构建了无酶电化学葡萄糖传感器，受益于基体生长特有的优势、纳米片层大的比表面积、利于电子及质子传输的结构通道，该传感器性能较好。有学者以生长在不锈钢基体上的 ZnO 纳米棒阵列为模板，通过牺牲模板加速水解结合退火处理合成了中空结构的 $NiCo_2O_4$ 纳米棒阵列，受益于组分之间的协同效果、中空结构大的比表面积等，当检测葡萄糖浓度时，灵敏度高达 1 685.1 $\mu A \cdot cm^{-2}/$（$mmol \cdot L^{-1}$）。有学者通过水热法在泡沫 Ni 基体上生长了 $NiCo_2O_4$ 纳米针阵列，当直接用作电化学葡萄糖传感器时，该结构呈现了极佳的催化性能。这些优异的葡萄糖催化性能证实了 $NiCo_2O_4$ 纳米材料是葡萄糖理想的催化材料及基体生长材料直接构建电化学葡萄糖传感器有助于改善传感器性能这两大观念。关于基体生长 $NiCo_2O_4$ 纳米材料直接构建无酶电化学葡萄糖传感器的研究有大量报道，但是关于以 CFC 为基体生长 $NiCo_2O_4$ 纳米材料直接构建无酶电化学葡萄糖传感器的研究鲜有报道。

在本章中，笔者用水热法结合退火处理在 CFC 上生长了 $NiCo_2O_4$ 纳米线阵列，并进行了相应的表征，然后直接构建了无酶电化学葡萄糖传感器，利用循环伏安法及计时安培法对催化性能进行研究。

5.2 实验部分

5.2.1 实验仪器、试剂和药品

本章研究使用的仪器如下。

分析天平、电化学工作站、SEM、TEM、XRD 仪、超声清洗机、鼓风干燥箱、离心机和马弗炉。

本章研究使用的试剂及药品如下。

乙醇（C_2H_5OH）、氢氧化钠（NaOH）、葡萄糖（$C_6H_{12}O_6$）、尿素［$CO(NH_2)_2$］、

六水合硝酸镍$[Ni(NO_3)_2 \cdot 6H_2O]$和六水合硝酸钴$[Co(NO_3)_2 \cdot 6H_2O]$,实验中所用的去离子水为实验室自制的。

5.2.2　$NiCo_2O_4$ 纳米线阵列的制备

$NiCo_2O_4$ 纳米线阵列由水热法结合退火处理制备,具体过程如下。先将 CFC 裁剪成 2 cm×4 cm 左右大小的长方形,然后分别在丙酮、去离子水、C_2H_5OH 中超声清洗 10 min 左右,再置于 70 ℃ 的干燥箱中干燥备用。将 0.363 5 g $Ni(NO_3)_2 \cdot 6H_2O$、0.727 5 g $Co(NO_3)_2 \cdot 6H_2O$ 及 0.9 g $CO(NH_2)_2$ 加入到 50 mL 去离子水中,搅拌 10 min 左右形成均匀的溶液,将处理过的 CFC 靠着 100 mL 反应釜的内壁放置,将上述均匀的溶液转移到该反应釜中置于 110 ℃ 的鼓风干燥箱中反应 12 h,自然冷却至室温,将生长有前驱体的 CFC 用去离子水冲洗,轻度超声去除多余或不牢靠的生成物,然后置于 70 ℃ 的干燥箱中干燥 12 h 左右,最后置于 300 ℃ 马弗炉(以每分钟 2 ℃加热)2 h 得到最终产物,即生长在 CFC 上的 $NiCo_2O_4$ 纳米线阵列(记作 $NiCo_2O_4$/CFC)。没有生长材料的 CFC 记作空白 CFC。

5.2.3　表征与测试

$NiCo_2O_4$ 纳米线阵列的物相及结构通过 XRD 在 40 kV 和 30 mA 条件下进行表征。$NiCo_2O_4$ 纳米线阵列的形貌及微结构通过 SEM 和 TEM 共同表征。电化学测试在电化学工作站上进行,采用三电极测试系统,以处理过的 CFC 为工作电极,每次测试时 CFC 的浸入面积大概为 0.5 cm²,以 SCE 为参比电极、铂丝电极为对电极,以 1 mol/L NaOH 溶液为电解液,所有的测试都在室温大气氛围中进行。

5.3 结果与讨论

5.3.1 NiCo₂O₄ 纳米线阵列的表征

如图 5-1 所示，衍射峰 $2\theta = 25.7°$（五角星标记）归属碳材料的（002）晶面，这个峰来自基体 CFC，NiCo₂O₄/CFC 样品的其他衍射峰归属为 NiCo₂O₄（JCPDS card No. 20-0781），具体为 $2\theta = 31.08°、37.07°、44.52°、54.91°、59.14°、65.09°$ 归属 NiCo₂O₄ 的（220）（311）（400）（422）（511）（440）晶面，除此外无其他衍射峰存在，表明 NiCo₂O₄ 纳米线阵列已成功地生长在 CFC 上了。

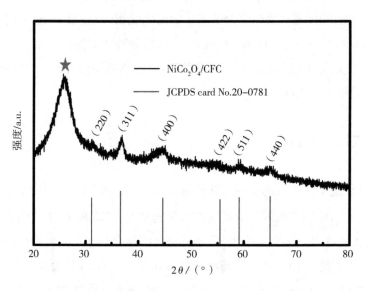

图 5-1　实验制备的 NiCo₂O₄/CFC 的 XRD 图谱

实验制备的样品的形貌表征是通过 SEM 完成的。空白 CFC 的 SEM 图片如图 5-2（a）所示，CFC 由碳纤维纵横交错而成，在未生长材料时每根碳纤维表面都是比较光滑的，直径大概是 $10~\mu m$。未经退火处理的前驱物在不同倍率下的 SEM 图片如图 5-2（b）（c）所示，材料呈纳米线状结构并非常均匀地生长在碳纤维表面。NiCo₂O₄/CFC 在不同倍率下的 SEM 图片如图 5-2（d）（e）（f）所示,几乎每根碳纤维上都均匀地长满了 $NiCo_2O_4$ 材料,无数成纳米线状的 $NiCo_2O_4$ 材料整齐紧密地生长在碳纤维上。

(a)

(b)

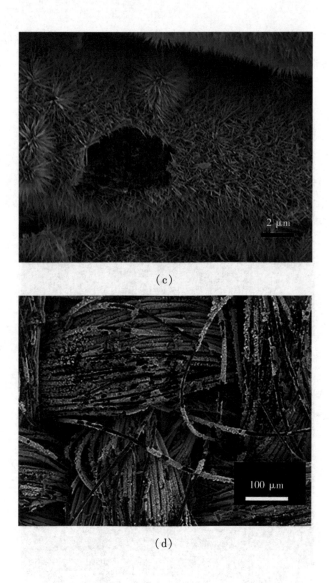

(c)

(d)

(e)

(f)

图5-2 空白 CFC 的 SEM 图片(a),未经退火处理的前驱物在不同倍率下的 SEM

图片(b)(c),NiCo$_2$O$_4$/CFC 在不同倍率下的 SEM 图片(d)(e)(f)

实验制备的样品的微结构表征是通过 TEM 完成的。如图 5-3(a)所示，NiCo$_2$O$_4$ 纳米线的直径大概为 100 nm。如图 5-3(b)所示，0.244 7 nm 的晶格间距对应于 NiCo$_2$O$_4$(JCPDS card No. 20-0781)的(311)晶面，与 XRD 结果相吻合。

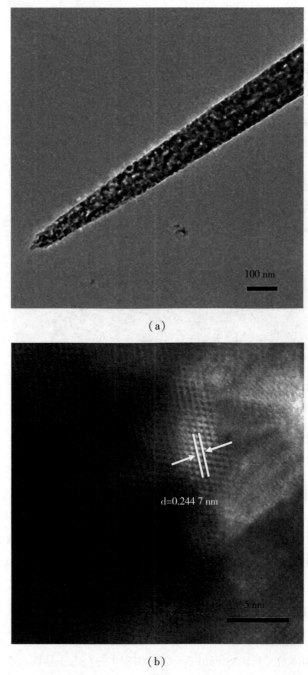

（a）

（b）

图 5-3　$NiCo_2O_4$ 纳米线阵列的 TEM 图片（a）和高分辨透射电子显微镜图片（b）

　　$NiCo_2O_4$/CFC 的元素组成通过 SEM 配备的 EDS 进行表征，结果如图 5-4

所示,在所得的 EDS 图谱中可明显看到 C、Ni、Co 及 O 的分析峰,其中 C 分析峰来自 CFC,这表明笔者制备的样品主要由 Ni、Co 及 O 这三种元素组成,Ni 与 Co 的质量分数比可近似为 1∶2,与 NiCo₂O₄ 中两者比例接近。

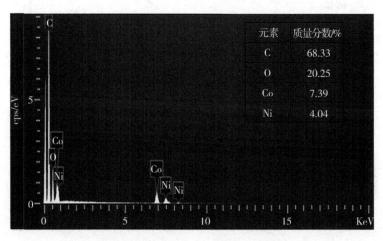

元素	质量分数/%
C	68.33
O	20.25
Co	7.39
Ni	4.04

图 5-4　NiCo₂O₄/CFC 的 EDS 图谱

5.3.2　NiCo₂O₄/CFC 的葡萄糖催化性能研究

在研究 NiCo₂O₄/CFC 的葡萄糖催化性能之前,笔者先对空白 CFC 及 NiCo₂O₄/CFC 在测试体系中的循环伏安响应进行了对比研究。循环伏安测试是在 1 mol/L NaOH 溶液中进行的,测试电压为 0~0.6 V,扫描速度为 50 mV/s,空白 CFC 及 NiCo₂O₄/CFC 的循环伏安响应曲线如图 5-5 所示。与 NiCo₂O₄/CFC 对应的响应相比,空白 CFC 的背景可以忽略。

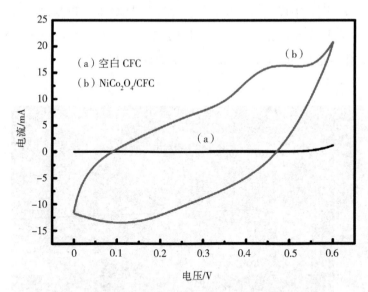

图 5-5　空白 CFC 及 NiCo₂O₄/CFC 的循环伏安响应曲线

空白 CFC 及 $NiCo_2O_4$/CFC 对葡萄糖的催化性能也是通过循环伏安法进行研究的。循环伏安测试是在包含不同浓度葡萄糖溶液的 1 mol/L NaOH 溶液中进行的,测试电压为 0~0.6 V,扫描速度为 50 mV/s。如图 5-6(a)所示,葡萄糖溶液浓度从 0 mol/L 变为 1 mol/L 时,空白 CFC 对应的 2 条循环伏安曲线几乎没有变化,表明 CFC 对葡萄糖氧化反应没有特殊的催化性能。如图 5-6(b)所示,随着葡萄糖浓度增加,相应的循环伏安曲线中的阳极电流不断增加,表明 $NiCo_2O_4$ 对葡萄糖氧化反应有重要的催化性能。

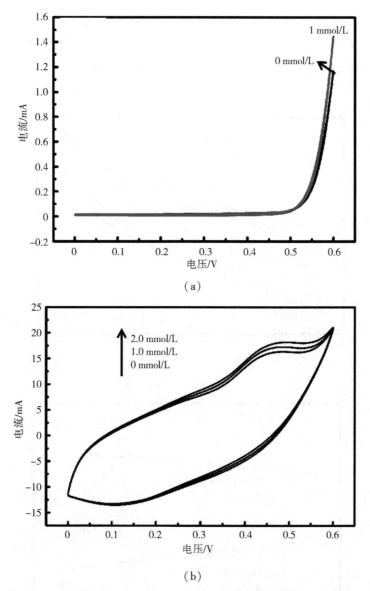

（a）

（b）

图 5-6 空白 CFC（a）及 NiCo₂O₄/CFC（b）在包含不同浓度葡萄糖溶液的
1 mol/L NaOH 溶液中的循环伏安曲线

笔者接下来研究扫描速度对循环伏安曲线响应的影响。循环伏安测试是在 1 mol/L NaOH 溶液中进行的,测试电压为 0~0.6 V,扫描速度由 20 mV/s 变为 80 mV/s,如图 5-7（a）所示,随着扫描速度的增加,无论是阳极电流还是阴极电流信号都有明显的变化,将各扫描速度下 0.45 V 对应的阳极电流及 0.25 V

对应的阴极电流分别与相应的扫描速度的平方根作图,如图5-7(b)所示,无论是阳极峰电流还是阴极峰电流,都与扫描速度的平方根存在良好的线性关系,这表明笔者构建的传感器的响应反应过程是由扩散控制的。

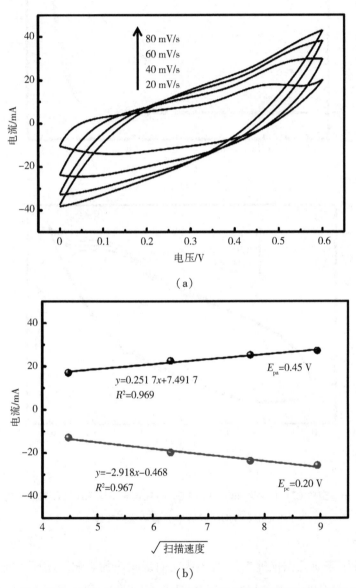

（a）

（b）

图 5-7　$NiCo_2O_4/CFC$ 在 1 mol/L NaOH 溶液、不同扫描速度下的循环伏安曲线(a),

峰电流与相应的扫描速度平方根之间的线性相关性(b)

5.3.3　NiCo$_2$O$_4$/CFC 对葡萄糖催化的计时安培测试

NiCo$_2$O$_4$/CFC 对葡萄糖氧化过程的催化性能通过计时安培法进行表征。具体做法如下:以不停搅拌的 1.0 mol/L NaOH 溶液为电解液,以+0.45 V 为测试电压[这是根据图 5-6(a),随着葡萄糖的添加,阳极电流在大约+0.45 V 时变化较明显时],当未添加葡萄糖时,应留有 200 s 的空白时间等待曲线平稳,以消除背景干扰,然后每隔 50 s 加入浓度为 0.2 mmol/L 的葡萄糖溶液,再添加此浓度葡萄糖溶液 1 次至溶液中葡萄糖浓度为 0.4 mmol/L 为止,然后每隔 50 s 加入浓度为 0.6 mmol/L 的葡萄糖溶液,再添加此浓度葡萄糖溶液 1 次至溶液中葡萄糖浓度为 1.6 mmol/L 为止,然后每隔 50 s 加入浓度为 0.8 mmol/L 的葡萄糖溶液,再添加此浓度葡萄糖溶液 1 次至溶液中葡萄糖浓度为 3.2 mmol/L 为止,然后每隔 50 s 加入浓度为 1.0 mmol/L 的葡萄糖溶液至溶液中葡萄糖浓度为 8.2 mol/L,然后每隔 50 s 加入浓度为 2.0 mmol/L 的葡萄糖溶液至测试结束。如图 5-8 所示:无论加入多少浓度的葡萄糖溶液,响应信号总是在 3 s 内达到相对稳定的状态;随着葡萄糖浓度的增加,传感器总体上呈现快速、稳定、阶梯式增长的响应模式。笔者将每个阶梯的电流与相应的葡萄糖浓度作图,如图 5-8(b)所示,两者之间存在分段式的良好的线性相关性,两段对应的方程分别为 $y = 6.027x + 4.736$($R^2 = 0.944$,葡萄糖浓度为 0.5~4.2 mmol/L)及 $y = 0.549x + 28.424$($R^2 = 0.925$,葡萄糖浓度为 5.2~22.2 mmol/L)。笔者构建的无酶电化学葡萄糖传感器对浓度为 0.5~4.2 mmol/L 的葡萄糖溶液具有良好的响应性,灵敏度为 6.027 mA/(mmol · L^{-1});对浓度为 5.2~22.2 mmol/L 的葡萄糖溶液有良好的响应性,灵敏度为 0.549 mA/(mmol · L^{-1})。

与某些已报道的用类似方法构建的以 NiCo$_2$O$_4$ 为敏感材料的无酶电化学葡萄糖传感器相比,笔者构建的 NiCo$_2$O$_4$/CFC 有更优异的传感性能、更高的灵敏度、更低的检出限、更宽的线性范围,如表 5-1 所示。

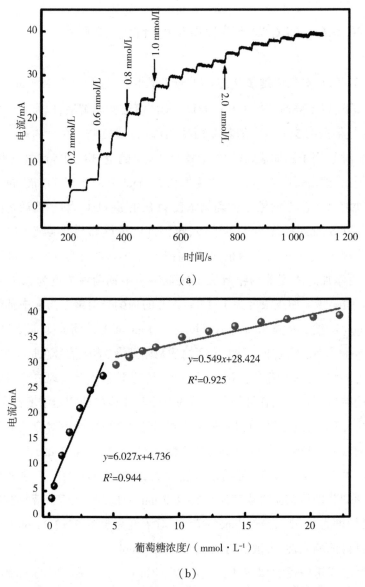

图 5-8 NiCo$_2$O$_4$/CFC 在+0.45 V 电压、1.0 mol/L NaOH 溶液中对逐次添加不同浓度葡萄糖溶液的计时安培响应曲线(a),每个阶梯的电流与相应葡萄糖浓度的线性相关性(b)

表 5-1　笔者构建的无酶电化学葡萄糖传感器与其他已报道的

无酶电化学葡萄糖传感器的催化性能对比

材料	检出限/ (μmol $\cdot$ L^{-1})	线性范围/ (mmol $\cdot$ L^{-1})	灵敏度	来源
NiCo$_2$O$_4$/CFC	0.18	0.5~4.2	6.027 mA/(mmol $\cdot$ L^{-1})	当前工作
		5.2~22.2	0.549 mA/(mmol $\cdot$ L^{-1})	
NiCo$_2$O$_4$/ITO	0.38	0.005~0.065	6.690 μA $\cdot$ cm^{-2}/(mmol $\cdot$ L^{-1})	前人研究
NiCo$_2$O$_4$/GCE	—	0.001~0.880	4.710 μA $\cdot$ cm^{-2}/(mmol $\cdot$ L^{-1})	前人研究
NiCo$_2$O$_4$/SS	0.16	0.000 3~ 1.000 0	1 685.100 μA $\cdot$ cm^{-2}/ (mmol $\cdot$ L^{-1})	前人研究

5.3.4　NiCo$_2$O$_4$/CFC 的抗干扰性研究

考虑到实际测量中易产生干扰的物质有抗坏血酸、尿酸及氯离子,因此本章中抗干扰实验也是根据这几种物质进行的,具体过程如下,以+0.45 V 为测试电压,以不停搅拌的浓度为 1.0 mol/L 的 NaOH 溶液为电解液,采用计时安培法对不同浓度、不同种类的分析物质进行测试,在测试前留有 150 s 左右的时间消除干扰,然后每隔 50 s 分别加入 1.0 mmol/L 葡萄糖溶液、0.1 mmol/L 抗坏血酸、0.01 mmol/L 尿酸、0.1 mmol/L 氯化钠,接着在同条件下重复加入一次,最后加入浓度为 1 mmol/L 的葡萄糖溶液结束测试。如图 5-9 所示,与 NiCo$_2$O$_4$/CFC 对葡萄糖良好的电催化响应信号相比,其他分析物质的干扰信号几乎是可以忽略不计的,这就意味着以 NiCo$_2$O$_4$/CFC 直接构建的无酶电化学葡萄糖传感器具有优异的抗干扰性。

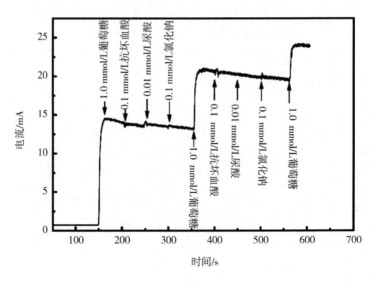

图5-9 $NiCo_2O_4/CFC$ 在+0.45 V下对不同浓度不同分析物质的计时安培响应

5.4 小结

在本章中,笔者综合衡量了敏感材料及材料与电极之间的电子传递作用这两方面因素,从这两方面出发去探索改善无酶电化学葡萄糖传感器催化性能的方法。在材料方面,笔者选择了 $NiCo_2O_4$ 作为敏感材料,这主要考虑到 $NiCo_2O_4$ 良好的导电性、低成本、对葡萄糖的高催化性能有助于提高传感器的灵敏度。在材料与电极之间的电子传递作用方面,笔者放弃了常用的滴涂法,而是以 CFC 为基体生长了 $NiCo_2O_4$ 纳米线阵列,增加材料与基体之间的相互作用进而改善传感器性能。笔者用 SEM、TEM、XRD、EDS 等对制备的材料进行了相应的表征,研究了生长在 CFC 上的 $NiCo_2O_4$ 纳米线阵列（$NiCo_2O_4/CFC$）,将 $NiCo_2O_4/CFC$ 直接构建无酶电化学葡萄糖传感器后,其呈现出较优异的性能。笔者构建的无酶电化学葡萄糖传感器对浓度为 0.5~4.2 mmol/L 的葡萄糖溶液具有良好的响应性,灵敏度为 6.027 mA/（mmol·L^{-1}）；对浓度为 5.2~22.2 mmol/L 的葡萄糖溶液有良好的响应性,灵敏度为 0.549 mA/（mmol·L^{-1}）。$NiCo_2O_4/CFC$ 优异的葡萄糖催化性能是 $NiCo_2O_4$ 本身的性能、CFC 的特点、基体生长的优势及有利于质子或电子传输的阵列结构这几者之间相互作用的综合效果。本章研究证实了以 NiCo$_2$O$_4$ 纳米线阵列为无酶电化学葡萄糖传感器敏感材料的重要意义及基体生长材料在传感器上的优势及潜在的应用价值。

参考文献

[1] COURJEAN O, MANO N. Recombinant glucose oxidase from *Penicillium amagasakiense* for efficient bioelectrochemical applications in physiological conditions [J]. Journal of Biotechnology, 2011, 151(1):122-129.

[2] CASH K J, CLARK H A. Nanosensors and nanomaterials for monitoring glucose in diabetes[J]. Trends in Molecular Medicine, 2010, 16(12):584-593.

[3] WANG R, HASHIMOTO K, FUJISHIMA A, et al. Light-induced amphiphilic surfaces[J]. Nature, 1997, 388:431-432.

[4] FAN F R F, BARD A J. An electrochemical coulomb staircase: detection of single electron-transfer events at nanometer electrodes[J]. Science, 1997, 277(5333): 1791-1793.

[5] MARQUARDT L A, ARNOLD M A, SMALL G W. Near-infrared spectroscopic measurement of glucose in a protein matrix[J]. Analytical Chemistry, 1993, 65 (22):3271-3278.

[6] PROMSUWAN K, SOLEH A, SAMOSON K, et al. Novel biosensor platform for glucose monitoring via smartphone based on battery-less NFC potentiostat[J]. Talanta, 2023, 256:124266.

[7] WANG Q, JIAO C C, WANG X P, et al. A hydrogel-based biosensor for stable detection of glucose[J]. Biosensors and Bioelectronics, 2023, 221:114908.

[8] KASHYAP N, VISWANAD B, SHARMA G, et al. Design and evaluation of biodegradable, biosensitive *in situ* gelling system for pulsatile delivery of insulin [J]. Biomaterials, 2007, 28(11):2051-2060.

[9] CLARK L C, LYONS C. Electrode systems for continuous monitoring in cardiovascular surgery[J]. Annals of the New York Academy of Sciences, 1962, 102 (1):29-45.

[10] UPDIKE S J, HICKS G P. The enzyme electrode [J]. Nature, 1967, 214: 986-988.

[11] GUILBAULT G G, LUBRANO G J. An enzyme electrode for the amperometric determination of glucose[J]. Analytica Chimica Acta, 1973, 64(3):439-455.

[12] CASS A E G, DAVIS G, FRANCIS G D, et al. Ferrocene-mediated enzyme electrode for amperometric determination of glucose[J]. Analytical Chemistry,

1984,56(4):667-671.

[13]TOGHILL K E,COMPTON R G. Electrochemical non-enzymatic glucose sensors:a perspective and an evaluation[J]. International Journal of Electrochemical Science,2010,5(9):1246-1301.

[14]JAEGFELDT H,TORSTENSSON A B C,GORTON L G O,et al. Catalytic oxidation of reduced nicotinamide adenine dinucleotide by graphite electrodes modified with adsorbed aromatics containing catechol functionalities[J]. Analytical Chemistry,1981,53(13):1979-1982.

[15]HUANG T,WARSINKE A,KUWANA T,et al. Determination of L-phenylalanine based on an NADH-detecting biosensor[J]. Analytical Chemistry,1998,70(5):991-997.

[16] GILL I. Bio-doped nanocomposite polymers:sol-gel bioencapsulates [J]. Chemistry of Materials,2001,13(10):3404-3421.

[17]HU Y,SUN H,HU N F. Assembly of layer-by-layer films of electroactive hemoglobin and surfactant didodecyldimethylammonium bromide[J]. Journal of Colloid and Interface Science,2007,314(1):131-140.

[18]KLIBANOV A M. Stabilization of enzymes against thermal inactivation[J]. Advances in Applied Microbiology,1983,29:1-28.

[19]KIM J,GRATE J W. Single-enzyme nanoparticles armored by a nanometer-scale organic/inorganic network[J]. Nano Letters,2003,3(9):1219-1222.

[20]KOHDA J,KAWANISHI H,SUEHARA K I,et al. Stabilization of free and immobilized enzymes using hyperthermophilic chaperonin[J]. Journal of Bioscience and Bioengineering,2006,101(2):131-136.

[21]PALOMO J M,FERNANDEZ-LORENTE G,MATEO C,et al. Modulation of the enantioselectivity of lipases via controlled immobilization and medium engineering:hydrolytic resolution of mandelic acid esters[J]. Enzyme and Microbial Technology,2002,31(6):775-783.

[22]MATEO C,PALOMO J M,FUENTES M,et al. Glyoxyl agarose:a fully inert and hydrophilic support for immobilization and high stabilization of proteins[J]. Enzyme and Microbial Technology,2006,39(2):274-280.

［23］DABOSS E V,SHCHERBACHEVA E V,KARYAKIN A A. Simultaneous non-invasive monitoring of diabetes and hypoxia using core−shell nanozyme−oxidase enzyme biosensors［J］. Sensors and Actuators B: Chemical, 2023, 380:133337.

［24］LIU Y,WANG M K,ZHAO F,et al. The direct electron transfer of glucose oxidase and glucose biosensor based on carbon nanotubes/chitosan matrix［J］. Biosensors and Bioelectronics,2005,21(6):984−988.

［25］QU K G,WANG S Y,HE W W,et al. Highly efficient glucose oxidation reaction on Pt/NiO/Carbon nanorods for application in glucose fuel cells and sensors［J］. Journal of Electronic Materials,2023,52:3729−3741.

［26］LI P P,PENG Y,CAI J P,et al. Recent advances in metal−organic frameworks (MOFs) and their composites for non−enzymatic electrochemical glucose sensors ［J］. Bioengineering,2023,10(6):733.

［27］SONG Y,ZHU C Z,LI H,et al. A nonenzymatic electrochemical glucose sensor based on mesoporous Au/Pt nanodendrites ［J］. RSC Advances, 2015, 5: 82617−82622.

［28］WANG J P,THOMAS D F,CHEN A C. Nonenzymatic electrochemical glucose sensor based on nanoporous PtPb networks［J］. Analytical Chemistry,2008,80 (4):997−1004.

［29］QIU K Z, CHEN X, CI S Q, et al. Facile preparation of nickel nanoparticle−modified carbon nanotubes with application as a nonenzymatic electrochemical glucose sensor［J］. Analytical Letters,2016,49(4):568−578.

［30］JASIM H A,DAKHIL O A A. Synthesis of CuO NRs using a double hydrothermal method for a highly efficient nonenzymatic glucose sensor［J］. International Journal of Nanoscience,2022,22(5):2250035.

［31］ZHAO H Y,YIN H Y,ZHANG Z F,et al. Platinum−supported NiO nanotubes enabled by self−sacrificial templating with enhanced electrochemical determination of glucose［J］. Functional Materials Letters,2022,15(5):2250023.

［32］DAU T N N,VU V H,CAO T T, et al. *In−situ* electrochemically deposited Fe_3O_4 nanoparticles onto graphene nanosheets as amperometric amplifier for electrochemical biosensing applications[J]. Sensors and Actuators B: Chemical, 2019, 283: 52-60.

[33] ALTIKATOGLU M, BASARAN Y, ARIOZ C, et al. Glucose oxidase – dextran conjugates with enhanced stabilities against temperature and pH[J]. Applied Biochemistry and Biotechnology, 2010, 160: 2187-2197.

[34] BOUIN J C, HULTIN H O. Stabilization of glucose oxidase by immobilization/modification as a function of pH[J]. Biotechnology and Bioengineering, 1982, 24(5): 1225-1231.

[35] CHANDROSS E A, MILLER R D. Nanostructures: introduction[J]. Chemical Reviews, 1999, 99(7): 1641-1642.

[36] KILIAN K A, LAI L M H, MAGENAU A, et al. Smart tissue culture: *in situ* monitoring of the activity of protease enzymes secreted from live cells using nanostructured photonic crystals[J]. Nano Letters, 2009, 9(5): 2021-2025.

[37] CAVICCHI R E, SILSBEE R H. Coulomb suppression of tunneling rate from small metal particles[J]. Physical Review Letters, 1984, 52(16): 1453-1456.

[38] JIANG X Z, GE Z S, XU J, et al. Fabrication of multiresponsive shell cross-linked micelles possessing pH-controllable core swellability and thermo-tunable corona permeability[J]. Biomacromolecules, 2007, 8(10): 3184-3192.

[39] SRINIVASARAO M. Nano-optics in the biological world: beetles, butterflies, birds, and moths[J]. Chemical Reviews, 1999, 99(7): 1935-1961.

[40] SENGUPTA J, JANA A, SINGH N D P, et al. Effect of growth temperature on the CVD grown Fe filled multi-walled carbon nanotubes using a modified photoresist[J]. Materials Research Bulletin, 2010, 45(9): 1189-1193.

[41] ANDO M, SUTO S, SUZUKI T, et al. H_2S and CH_3SH sensor using a thick film of gold-loaded tungsten oxide[J]. Chemistry Letters, 1994, 23(2): 335-338.

[42] CHEN S, FANG Y M, LI J, et al. Study on the electrochemical catalytic properties of the topological insulator Bi_2Se_3 [J]. Biosensors and Bioelectronics, 2013, 46: 171-174.

[43] DENG S Y, JIAN G Q, LEI J P, et al. A glucose biosensor based on direct electrochemistry of glucose oxidase immobilized on nitrogen-doped carbon nano-

tubes[J]. Biosensors and Bioelectronics,2009,25(2):373-377.

[44] WANG J,MO J W,LI S F,et al. Comparison of oxygen-rich and mediator-based glucose-oxidase carbon-paste electrodes[J]. Analytica Chimica Acta, 2001,441(2):183-189.

[45] ZHANG Y N,HU Y B,WILSON G S,et al. Elimination of the acetaminophen interference in an implantable glucose sensor[J]. Analytical Chemistry,1994, 66:1183-1188.

[46] OHNUKI H,SAIKI T,KUSAKARI A,et al. Incorporation of glucose oxidase into langmuir-blodgett films based on prussian blue applied to amperometric glucose biosensor[J]. Langmuir,2007,23(8):4675-4681.

[47] WANG J. Carbon-nanotube based electrochemical biosensors:a review[J]. Electroanalysis,2005,17(1):7-14.

[48] BAHSHI L,FRASCONI M,TEL-VERED R,et al. Following the biocatalytic activities of glucose oxidase by electrochemically cross-linked enzyme-Pt nanoparticles composite electrodes [J]. Analytical Chemistry, 2008, 80 (21): 8253-8259.

[49] HRAPOVIC S,LIU Y L,MALE K B,et al. Electrochemical biosensing platforms using platinum nanoparticles and carbon nanotubes [J]. Analytical Chemistry,2004,76(4):1083-1088.

[50] SCHUHMANN W,OHARA T J,SCHMIDT H L,et al. Electron transfer between glucose oxidase and electrodes via redox mediators bound with flexible chains to the enzyme surface[J]. Journal of the American Chemical Society,1991, 113:1394-1397.

[51] DENG L,LIU Y,YANG G C,et al. Molecular "wiring" glucose oxidase in supramolecular architecture[J]. Biomacromolecules,2007,8(7):2063-2071.

[52] KAJIYA Y,SUGAI H,IWAKURA C,et al. Glucose sensitivity of polypyrrole films containing immobilized glucose oxidase and hydroquinonesulfonate ions [J]. Analytical Chemistry,1991,63(1):49-54.

[53] KANG X H,WANG J,WU H,et al. Glucose oxidase-graphene-chitosan modified electrode for direct electrochemistry and glucose sensing[J]. Biosensors

and Bioelectronics,2009,25(4):901-905.

[54] YEHEZKELI O,RAICHLIN S,TEL-VERED R,et al. Biocatalytic implant of Pt nanoclusters into glucose oxidase:a method to electrically wire the enzyme and to transform it from an oxidase to a hydrogenase[J]. The Journal of Physical Chemistry Letters,2010,1(19):2816-2819.

[55] WILLNER I,HELEG-SHABTAI V,BLONDER R,et al. Electrical wiring of glucose oxidase by reconstitution of FAD-modified monolayers assembled onto Au-Electrodes[J]. Journal of the American Chemical Society,1996,118 (118):10321-10322.

[56] GUO M Q,HONG H S,TANG X N,et al. Ultrasonic electrodeposition of platinum nanoflowers and their application in nonenzymatic glucose sensors[J]. Electrochimica Acta,2012,63:1-8.

[57] WANG Q,WANG Q Y,QI K,et al. *In situ* preparation of porous Pd nanotubes on a GCE for non-enzymatic electrochemical glucose sensors[J]. Analytical Methods,2015,7:8605-8610.

[58] LI Y X,NIU X H,TANG J,et al. A comparative study of nonenzymatic electrochemical glucose sensors based on Pt-Pd nanotube and nanowire arrays[J]. Electrochimica Acta,2014,130:1-8.

[59] ZHANG Y C,SU L,MANUZZI D,et al. Ultrasensitive and selective non-enzymatic glucose detection using copper nanowires[J]. Biosensors and Bioelectronics,2012,31(1):426-432.

[60] WANG J H,BAO W G,ZHANG L J. A nonenzymatic glucose sensing platform based on Ni nanowire modified electrode[J]. Analytical Methods,2012,4:4009-4013.

[61] LU W B,QIN X Y,ASIRI A M,et al. Ni foam:a novel three-dimensional porous sensing platform for sensitive and selective nonenzymatic glucose detection [J]. Analyst,2013,138:417-420.

[62] LU P,LEI Y T,LU S J,et al. Three-dimensional roselike α-Ni(OH)$_2$ assembled from nanosheet building blocks for non-enzymatic glucose detection[J]. Analytica Chimica Acta,2015,880:42-51.

［63］LI Z Z,CHEN Y,XIN Y M,et al. Sensitive electrochemical nonenzymatic glucose sensing based on anodized CuO nanowires on three-dimensional porous copper foam[J]. Scientific Reports,2015,5:16115.

［64］SONG Y H,HE J,WU H L,et al. Preparation of porous hollow CoO$_x$ Nanocubes via chemical etching prussian blue analogue for glucose sensing[J]. Electrochimica Acta,2015,182:165-172.

［65］HELLER A,FELDMAN B. Electrochemical glucose sensors and their application in diabetes management [J]. Chemical Reviews, 2008, 108 (7): 2482-2505.

［66］LOPES P,KAEWJUA K,SHIPOVSKOV S,et al. Glucose and glutamate detection by oxidase/hemin peroxidase mimic cascades assembled on macro- and microelectrodes[J]. ChemElectroChem,2024,11(5):e202300682.

［67］AHMAD M,PAN C F,LUO Z X,et al. A single ZnO nanofiber-based highly sensitive amperometric glucose biosensor[J]. The Journal of Physical Chemistry C,2010,114(20):9308-9313.

［68］WILSON R,TURNER A P F. Glucose oxidase:an ideal enzyme[J]. Biosensors and Bioelectronics,1992,7(3):165-185.

［69］GAMBURZEV S,ATANASOV P,WILKINS E. Oxygen electrode with Pyrolyzed CoTMPP catalyst:application in glucose biosensor [J]. Analytical Letters, 1997,30(3):503-514.

［70］SHEN J,DUDIK L,LIU C C. An iridium nanoparticles dispersed carbon based thick film electrochemical biosensor and its application for a single use,disposable glucose biosensor[J]. Sensors and Actuators B:Chemical,2007,125(1): 106-113.

［71］GHINDILIS A L,ATANASOV P,WILKINS E. Enzyme-catalyzed direct electron transfer:fundamentals and analytical applications [J]. Electroanalysis, 1997,9(9):661-674.

［72］CHEN C,XIE Q J,YANG D W,et al. Recent advances in electrochemical glucose biosensors:a review[J]. Rsc Advances,2013,3:4473-4491.

［73］JEFFRIES C,PASCO N,BARONIAN K,et al. Evaluation of a thermophile enzyme for a carbon paste amperometric biosensor: L-glutamate dehydrogenase [J]. Biosensors and Bioelectronics, 1997, 12(3): 225-232.

[74] YI X, JU H X, CHEN H Y. Direct electrochemistry of horseradish peroxidase immobilized on a colloid/cysteamine-modified gold electrode [J]. Analytical Biochemistry, 2000, 278(1): 22-28.

[75] CHA J J, CUI Y. Topological insulators: the surface surfaces [J]. Nature Nanotechnology, 2012, 7: 85-86.

[76] LE T, YE Q K, CHEN C F, et al. Erasable superconductivity in topological insulator Bi_2Se_3 induced by voltage pulse [J]. Advanced Quantum Technologies, 2021, 4(9): 2100067.

[77] MULDER L, GLIND H V D, BRINKMAN A, et al. Enhancement of the surface-morphology of $(Bi_{0.4}Sb_{0.6})_2Te_3$ thin films by in situ thermal annealing [J]. Nanomaterials, 2023, 13(4): 763.

[78] HSIEH D, XIA Y, QIAN D, et al. A tunable topological insulator in the spin helical Dirac transport regime [J]. Nature, 2009, 460: 1101-1105.

[79] WU S G, LIU G, LI P, et al. A high-sensitive and fast-fabricated glucose biosensor based on Prussian blue/topological insulator Bi_2Se_3 hybrid film [J]. Biosensors and Bioelectronics, 2012, 38(1): 289-294.

[80] KONG T, CHEN Y, YE Y P, et al. An amperometric glucose biosensor based on the immobilization of glucose oxidase on the ZnO nanotubes [J]. Sensors and Actuators B: Chemical, 2009, 138(1): 344-350.

[81] SI P, KANNAN P, GUO L H, et al. Highly stable and sensitive glucose biosensor based on covalently assembled high density Au nanostructures [J]. Biosensors and Bioelectronics, 2011, 26(9): 3845-3851.

[82] NEWMAN J D, TURNER A P F. Home blood glucose biosensors: a commercial perspective [J]. Biosensors and Bioelectronics, 2005, 20(12): 2435-2453.

[83] PARK S, CHUNG T D, KIM H C. Nonenzymatic glucose detection using mesoporous platinum [J]. Analytical Chemistry, 2003, 75(13): 3046-3049.

[84] YOU T Y, NIWA O, CHEN Z L, et al. An amperometric detector formed of highly dispersed Ni nanoparticles embedded in a graphite-like carbon film e-

lectrode for sugar determination [J]. Analytical Chemistry, 2003, 75 (19):
5191-5196.

[85] LIU H Y, LU X P, XIAO D J, et al. Hierarchical Cu－Co－Ni nanostructures electrodeposited on carbon nanofiber modified glassy carbon electrode: application to glucose detection[J]. Analytical Methods, 2013, 5:6360-6367.

[86] KIANI M A, TEHRANI M A, SAYAHI H. Reusable and robust high sensitive non－enzymatic glucose sensor based on Ni(OH)$_2$ nanoparticles[J]. Analytica Chimica Acta, 2014, 839:26-33.

[87] KUNG C W, LIN C Y, LAI Y H, et al. Cobalt oxide acicular nanorods with high sensitivity for the non－enzymatic detection of glucose[J]. Biosensors and Bioelectronics, 2011, 27(1):125-131.

[88] JIANG F, WANG S, LIN J J, et al. Aligned SWCNT－copper oxide array as a nonenzymatic electrochemical probe of glucose[J]. Electrochemistry Communications, 2011, 13(4):363-365.

[89] MY N N T, QUYEN T T B, KHANG T M, et al. Synthesis of Au/Cu$_2$O/graphene quantum dots nanocomposites and its application for glucose oxidation [J]. Journal of Chemical Sciences, 2024(1):136.

[90] DING R M, LIU J P, JIANG J, et al. Mixed Ni－Cu－oxide nanowire array on conductive substrate and its application as enzyme－free glucose sensor[J]. Analytical Methods, 2012, 4:4003-4008.

[91] CHEN J, ZHANG W D, YE J S. Nonenzymatic electrochemical glucose sensor based on MnO$_2$/MWNTs nanocomposite [J]. Electrochemistry Communications, 2008, 10(9):1268-1271.

[92] CI S Q, HUANG T Z, WEN Z H, et al. Nickel oxide hollow microsphere for non－enzyme glucose detection[J]. Biosensors and Bioelectronics, 2014, 54:251-257.

[93] LUO Z J, YIN S, WANG K, et al. Synthesis of one－dimensional β－Ni(OH)$_2$ nanostructure and their application as nonenzymatic glucose sensors[J]. Materials Chemistry and Physics, 2012, 132(2-3):387-394.

[94] YANG S L, LI G, WANG G F, et al. Synthesis of Mn$_3$O$_4$ nanoparticles/nitrogen-

doped graphene hybrid composite for nonenzymatic glucose sensor[J]. Sensors and Actuators B:Chemical,2015,221:172-178.

[95]ZHANG X J,GU A X,WANG G F,et al. Porous Cu-NiO modified glass carbon electrode enhanced nonenzymatic glucose electrochemical sensors[J]. Analyst, 2011,136:5175-5180.

[96]ZHU Z H,QU L N,NIU Q J,et al. Urchinlike MnO_2 nanoparticles for the direct electrochemistry of hemoglobin with carbon ionic liquid electrode[J]. Biosensors and Bioelectronics,2011,26(5):2119-2124.

[97]LI C C,LIU Y L,LI L M,et al. A novel amperometric biosensor based on NiO hollow nanospheres for biosensing glucose [J]. Talanta, 2008, 77 (1): 455-459.

[98]SONG J,XU L,XING R Q,et al. Ag nanoparticles coated NiO nanowires hierarchical nanocomposites electrode for nonenzymatic glucose biosensing[J]. Sensors and Actuators B:Chemical,2013,182:675-681.

[99]DING Y,LIU Y X,PARISI J,et al. A novel NiO-Au hybrid nanobelts based sensor for sensitive and selective glucose detection[J]. Biosensors and Bioelectronics,2011,28(1):393-398.

[100]YU J J,ZHAO T,ZENG B Z. Mesoporous MnO_2 as enzyme immobilization host for amperometric glucose biosensor construction[J]. Electrochemistry Communications,2008,10(9):1318-1321.

[101]XIAO F,LI Y Q,GAO H C,et al. Growth of coral-like PtAu-MnO_2 binary nanocomposites on free-standing graphene paper for flexible nonenzymatic glucose sensors[J]. Biosensors and Bioelectronics,2013,41:417-423.

[102]TIAN K,PRESTGARD M,TIWARI A. A review of recent advances in nonenzymatic glucose sensors[J]. Materials Science and Engineering:C,2014,41: 100-118.

[103]LU L M,LI H B,QU F L,et al. In situ synthesis of palladium nanoparticle-graphene nanohybrids and their application in nonenzymatic glucose biosensors [J]. Biosensors and Bioelectronics,2011,26(8):3500-3504.

[104]DING Y,LIU Y X,ZHANG L C,et al. Sensitive and selective nonenzymatic

glucose detection using functional NiO-Pt hybrid nanofibers[J]. Electrochimica Acta,2011,58:209-214.

[105]YU S J,PENG X,CAO G Z,et al. Ni nanoparticles decorated titania nanotube arrays as efficient nonenzymatic glucose sensor [J]. Electrochimica Acta, 2012,76:512-517.

[106]MIAO Y Q,WU J Y,ZHOU S L,et al. Synergistic effect of bimetallic Ag and Ni Alloys on each other's electrocatalysis to glucose oxidation[J]. Journal of the Electrochemical Society,2013,160(4):B47-B53.

[107]ZHENG B Z,LIU G Y,YAO A W,et al. A sensitive AgNPs/CuO nanofibers non-enzymatic glucose sensor based on electrospinning technology[J]. Sensors and Actuators B:Chemical,2014,195:431-438.

[108]HUH P H,KIM M,KIM S C. Glucose sensor using periodic nanostructured hybrid 1D Au/ZnO arrays[J]. Materials Science and Engineering:C,2012,32 (5):1288-1292.

[109]MYUNG N,KIM S,LEE C,et al. Facile Synthesis of Pt-CuO nanocomposite films for non-enzymatic glucose sensor application[J]. Journal of the Electrochemical Society,2016,163(5):B180-B184.

[110]GUO M M,YIN X L,ZHOU C H,et al. Ultrasensitive nonenzymatic sensing of glucose on Ni(OH)$_2$-coated nanoporous gold film with two pairs of electron mediators[J]. Electrochimica Acta,2014,142:351-358.

[111]LIU M C,KONG L B,LU C,et al. Design and synthesis of CoMoO-NiMoO$_4$ · xH$_2$O bundles with improved electrochemical properties for supercapacitors [J]. Journal of Materials Chemistry A,2013,1:1380-1387.

[112]IYER M S,RAJANGAM I. Hybrid nanostructures made of porous binary transition metal oxides for high performance asymmetric supercapacitor application [J]. Journal of Energy Storage,2023,67:107530.

[113]PATIDAR S K,TARE V. Effect of molybdate on methanogenic and sulfidogenic activity of biomass [J]. Bioresource Technology, 2005, 96 (11): 1215-1222.

[114] MUTHU D, SADHASIVAM T, OH T H. Binder - free cobalt molybdate

nanoflakes grown on nickel foam as a hybrid supercapacitor and electrocatalyst for methanol oxidation reaction [J]. Materials Scienceand Engineering: B, 2024, 299: 116972.

[115] GUO D, ZHANG P, ZHANG H M, et al. $NiMoO_4$ nanowires supported on Ni foam as novel advanced electrodes for supercapacitors [J]. Journal of Materials Chemistry A, 2013, 1: 9024-9027.

[116] CAI D P, LIU B, WANG D D, et al. Facile hydrothermal synthesis of hierarchical ultrathin mesoporous $NiMoO_4$ nanosheets for high performance supercapacitors [J]. Electrochimica Acta, 2014, 115: 358-363.

[117] CAI D P, WANG D D, LIU B, et al. Comparison of the electrochemical performance of $NiMoO_4$ nanorods and hierarchical nanospheres for supercapacitor applications [J]. Acs Applied Materials & Interfaces, 2013, 5 (24): 12905-12910.

[118] MORENO B, CHINARRO E, COLOMER M T, et al. Combustion synthesis and electrical behavior of nanometric $\beta - NiMoO_4$ [J]. The Journal of Physical Chemistry C, 2010, 114(10): 4251-4257.

[119] XIAO W, CHEN J S, LI C M, et al. Synthesis, Characterization, and Lithium Storage Capability of $AMoO_4$(A = Ni, Co) Nanorods [J]. Chemistry of Materials, 2010, 22: 746-754.

[120] RODRIGUEZ J A, CHATURVEDI S, HANSON J C, et al. Electronic properties and phase transformations in $CoMoO_4$ and $NiMoO_4$: XANES and time-resolved synchrotron XRD studies [J]. The Journal of Physical Chemistry B, 1998, 102(8): 1347-1355.

[121] ZHAO C Z, SHAO C L, LI M H, et al. Flow-injection analysis of glucose without enzyme based on electrocatalytic oxidation of glucose at a nickel electrode [J]. Talanta, 2007, 71(4): 1769-1773.

[122] RAFIEE B, FAKHARI A R. Electrocatalytic oxidation and determination of insulin at nickel oxide nanoparticles-multiwalled carbon nanotube modified screen printed electrode [J]. Biosensors and Bioelectronics, 2013, 46: 130-135.

[123] MU Y, JIA D L, HE Y Y, et al. Nano nickel oxide modified non-enzymatic glucose sensors with enhanced sensitivity through an electrochemical process strategy at high potential[J]. Biosensors and Bioelectronics, 2011, 26(6): 2948-2952.

[124] SHAMSIPUR M, NAJAFI M, HOSSEINI M R M. Highly improved electrooxidation of glucose at a nickel(Ⅱ) oxide/multi-walled carbon nanotube modified glassy carbon electrode[J]. Bioelectrochemistry, 2010, 77(2):120-124.

[125] MATHIVANAN A, JOTHIBAS M, NESAKUMAR N. Synthesis and characterization of $ZnCo_2O_4$ nanocomposites with enhanced electrochemical features for supercapacitor applications[J]. Surfaces and Interfaces, 2024, 49:104443.

[126] BELLI P, BERNABEI R, CARACCIOLO V, et al. Development of ZnWO4 crystal scintillators for rare events search[J]. International Journal of Modern Physics: Conference Series, 2023, 51:2361007.

[127] HU L F, WU L M, LIAO M Y, et al. Electrical transport properties of large, individual $NiCo_2O_4$ Nanoplates[J]. Advanced Functional Materials, 2012, 22 (5):998-1004.

[128] CAI D P, XIAO S H, WANG D D, et al. Morphology controlled synthesis of $NiCo_2O_4$ nanosheet array nanostructures on nickel foam and their application for pseudocapacitors[J]. Electrochimica Acta, 2014, 142:118-124.

[129] WANG H W, WANG X F. Growing nickel cobaltite nanowires and nanosheets on carbon cloth with different pseudocapacitive performance[J]. Acs Applied Materials & Interfaces, 2013, 5(13):6255-6260.

[130] NAIK K K, KUMAR S, ROUT C S. Electrodeposited spinel $NiCo_2O_4$ nanosheet arrays for glucose sensing application[J]. Rsc Advances, 2015, 5: 74585-745691.

[131] YANG J, CHO M, LEE Y. Synthesis of hierarchical $NiCo_2O_4$ hollow nanorods via sacrificial-template accelerate hydrolysis for electrochemical glucose oxidation[J]. Biosensors and Bioelectronics, 2016, 75:15-22.

[132] HUSSAIN M, IBUPOTO Z H, ABBASI M A, et al. Synthesis of three dimensional nickel cobalt oxide nanoneedles on nickel foam, their characterization

and glucose sensing application[J]. Sensors,2014,14(3):5415-5425.

[133]CHEN S H,WU J F,ZHOU R H,et al. Controllable growth of $NiCo_2O_4$ nano-arrays on carbon fiber cloth and its anodic performance for lithium-ion batteries[J]. Rsc Advances,2015,5:104433-104440.

[134]PADMANATHAN N,SELLADURAI S. Controlled growth of spinel $NiCo_2O_4$ nanostructures on carbon cloth as a superior electrode for supercapacitors[J]. Rsc Advances,2014,4:8341-8349.

[135]SHI H J,ZHAO G H. Water Oxidation on spinel $NiCo_2O_4$ nanoneedles anode: microstructures,specific surface character,and the enhanced electrocatalytic performance[J]. The Journal of Physical Chemistry C, 2014, 118 (45): 25939-25946.

[136]WANG D D,CAI D P,HUANG H,et al. Non-enzymatic electrochemical glucose sensor based on $NiMoO_4$ nanorods [J]. Nanotechnology, 2015, 26:145501.

[137]WANG D D,CAI D P,WANG C X,et al. Muti-component nanocomposite of nickel and manganese oxides with enhanced stability and catalytic performance for non-enzymatic glucose sensor[J]. Nanotechnology,2016,27:255501.

[138]CAI D P,WANG D D,HUANG H,et al. Rational synthesis of $ZnMn_2O_4$ porous spheres and graphene nanocomposite with enhanced performance for lithium-ion batteries[J]. Journal of Materials Chemistry A,2015,3:11430-11436.

[139]CAI D P,WANG D D,WANG C X,et al. Construction of desirable $NiCo_2S_4$ nanotube arrays on nickel foam substrate for pseudocapacitors with enhanced performance[J]. Electrochimica Acta,2015,151:35-41.

[140]CAI D P, WANG D D, LIU B, et al. Three-dimensional Co_3O_4 @ $NiMoO_4$ core/shell nanowire arrays on ni foam for electrochemical energy storage[J]. ACS Applied Materials & Interfaces,2014,6(7):5050-5055.

[141]金锦江,邹瞿超,刘红,等. 无酶血糖传感器研究进展[J]. 中国医疗器械杂志,2022,46(3):296-301.

[142]梁立娜,张萍,蔡亚岐,等. 高效阴离子交换-脉冲安培检测同时分析单糖和糖醛酸[J]. 分析化学,2006,34(10):1371-1374.

［143］潘媛媛,梁立娜,蔡亚岐,等.高效阴离子交换色谱-脉冲安培检测法分析啤酒和麦汁中的糖[J].色谱,2008,26(5):626-630.

［144］陈晓颖,郭晓玲,林松.气相色谱法测定大蜜丸中果糖和葡萄糖的含量[J].广东药学院学报,2000,16(2):94-96.

［145］杨天祝,王小云,刘文,等.稀水溶液中葡萄糖、甘露醇的气相色谱分析[J].山东化工,1998(5):20-21.

［146］罗凤琴,李燕,韩海.旋光度法测定复方丹参注射液中葡萄糖的含量[J].华西药学杂志,2003,18(2):147-148.

［147］兰丹.基于纳米金增强的酶基化学发光生物传感器的研究[D].西安:陕西师范大学,2008.

［148］汪晓霞.金纳米材料用于葡萄糖生物传感器的研究[D].南京:南京航空航天大学,2007.

［149］胡贵权,管文军,李昱,等.纳米碳管葡萄糖生物传感器的研究[J].浙江大学学报,2005,39(5):668-671.

［150］李兰扣,董江庆,徐晓燕.自组装技术及其在生物传感器中的应用研究[J].河北化工,2009,32(7):52-53,56.

［151］张阳德.纳米生物材料学[M].北京:化学工业出版社,2005.

［152］谭毅,李敬锋.新材料概论[M].北京:冶金工业出版社,2004.

［153］刘吉平,廖莉玲.无机纳米材料[M].北京:科学出版社,2003.

［154］徐如人,庞文琴.无机合成与制备化学[M].北京:高等教育出版社,2001.

［155］李红,安庆锋.水热(溶剂热)法制备BiOCl基复合材料研究进展[J].中国陶瓷,2022,58(5):9-15,26.

［156］方华,刘爱东.纳米材料及其制备[M].哈尔滨:哈尔滨地图出版社,2005.

［157］周凯玲.钴基二元金属氧化物超级电容器电极材料的制备及其电性能[D].兰州:西北师范大学,2021.

［158］陈丽.过渡金属(镍、钴)氢氧化物的制备及其电催化性能研究[D].北京:北京化工大学,2012.

［159］金君.纳米金属氢氧化物修饰电极非酶葡萄糖传感器的制备及应用[D].延安:延安大学,2012.

［160］刘雪,孔令涛,胡加布都拉·买买提孜,等.钼酸盐的制备及其光催化性能

研究进展[J].应用化工,2021,50(1):217-224.

[161]陈灿辉,李红,刘彩红.二茂铁及其衍生物修饰电极的研究[J].电子器件,2004,27(3):522-526.

[162]孙思秦,石晓钟,胡海龙,等.镍基碳材料的无酶电化学葡萄糖传感器研究的最新进展[J].西部皮革,2019(9):110.

[163]肖鑫鑫.纳米多孔金葡萄糖生物传感器的构建及其微观结构和传感性能的研究[D].济南:山东大学,2014.

[164]孙建华,戴荣继,邓玉林.酶固定化技术研究进展[J].化工进展,2010,29(4):715-721.

[165]梁晨楠,袁松,吴竹.微/纳米钼酸盐结构在锂离子电池负极材料中的应用[J].船电技术,2022,42(10):40-43,47.

[166]袁宁宁,陈运藻,谢鹏波,等.溶胶-凝胶技术固定化酶在生物传感器中的应用[J].广西轻工业,2009(6):7-8,10.

[167]李艳彩,黄富英,李顺兴,等.基于叶片状氧化铜纳米材料的无酶葡萄糖传感电极[J].电化学,2014,20(1):80-84.

[168]徐艳.钼酸钴基复合电催化剂的制备及其电催化分解水性能研究[D].镇江:江苏大学,2019.